U0915192

How We Heal

我们如何治愈

实用而强大的自我修复方法

Uncover Your Power and Set Yourself Free

[美] 亚历桑德拉·艾尔（Alexandra Elle） 著

中国青年出版社

图书在版编目（CIP）数据

我们如何治愈：实用而强大的自我修复方法 /（美）亚历桑德拉·艾尔著；彭相珍译.
—北京：中国青年出版社，2024. 5
书名原文：How We Heal: Uncover Your Power and Set Yourself Free
ISBN 978-7-5153-7276-1

Ⅰ. ①我… Ⅱ. ①亚… ②彭… Ⅲ. ①心理学—通俗读物 Ⅳ. ①B84-49

中国国家版本馆CIP数据核字（2024）第096656号

Text copyright © 2022 by Alexandra Elle.
Illustrations copyright © 2022 by Laxmi Hussein.
All rights reserved. No part of this book may be reproduced in any form without written permission from the publisher.
First published in English by Chronicle Books LLC, San Francisco, California.
Simplified Chinese translation copyright © 2024 China Youth Book, Inc. (an imprint of China Youth Press)
All rights reserved.

我们如何治愈：实用而强大的自我修复方法

作　　者：[美] 亚历桑德拉·艾尔
译　　者：彭相珍
策划编辑：刘　吉
责任编辑：刘　吉
美术编辑：张　艳
出　　版：中国青年出版社
发　　行：北京中青文文化传媒有限公司
电　　话：010-65511272 / 65516873
公司网址：www.cyb.com.cn
购书网址：zqwts.tmall.com
印　　刷：北京博海升彩色印刷有限公司
版　　次：2024年5月第1版
印　　次：2024年5月第1次印刷
开　　本：880mm × 1230mm　1/32
字　　数：150千字
印　　张：7.75
京权图字：01-2023-1543
书　　号：ISBN 978-7-5153-7276-1
定　　价：59.90元

中青版图书，版权所有，盗版必究

版权声明

未经出版人事先书面许可，对本出版物的任何部分不得以任何方式或途径复制或传播，包括但不限于复印、录制、录音，或通过任何数据库、在线信息、数字化产品或可检索的系统。

致诸位亲爱的读者：

当我们治愈自身的创伤时，我们也在治愈身边的亲朋好友。

因为治愈是一种为身边社区提供关怀的行为。

致我亲爱的女儿们：

我对你们的爱无以言表，你们就是我选择治愈的理由与动力。

目　录

序言：为何我们要选择治愈创伤

多年来，我一直在指导来自各行各业的人们如何利用写作的方式实现创伤的自我疗愈。我在世界各地举办了自我关怀领域的讲习班，并帮助成千上万的人走上了创伤自愈的道路。然而，这本书差点夭折在摇篮中，因为我遭遇了严重的自我怀疑和冒名顶替综合征[1]，并发现自己陷入了一个自我否定的消极思维旋涡，我不停地质问自己：你以为自己是谁？你凭什么认为自己有资格撰写一本专著？你既不是专业的心理治疗师、医生，也不是有着深厚研究背景的专业学者，你的经验是否足以支撑一本书？

带着这种消极的自我对话，每当我尝试在电脑前坐下来，写出一本关于创伤治愈、自我发现和自我信任的书时，我的眼

[1] 又称自我能力否定倾向，是保琳（Pauline R. Clance）和苏珊娜（Suzanne A. Imes）在1978年发现并命名的，是指个体按照客观标准评价为已经获得了成功或取得了成就，但是其本人却认为这是不可能的，他们没有能力。——译者注

睛会感到火烧火燎，心跳加速，手掌心里满是汗水，焦虑情绪总是会一次又一次地打败我。在大多数时候，我会感觉放弃比继续尝试写作更安全，而每当我放弃时，内心的自我怀疑情绪会说："看，你就是个半途而废的废物！这就是为什么你根本不适合写作，你根本没有这个天赋和本事！"听起来令人焦灼对不对？这是因为我们对自己讲述的故事，既可以帮助我们功成名就，也可以彻底摧毁我们尝试新事物的信心。

当我开始静下心，剖析那些试图说服我不要动笔撰写这本书的层层原因时，我开始意识到自己钻了牛角尖，过度担忧那些错误的事情，例如担心自己的经验不足，但实际上，我绝对拥有充足的经验。尽管我没有一个心理学的专业学位，或全职从事心理治愈相关领域的研究工作，但我有着丰富且真实的生活经历，我受到过无数的伤害，但也无数次得到治愈，这必然算得上一种收获。我意识到，自己的作用应该是帮助其他人，在创伤治愈的过程中表现出真实的自我，让他们在阅读本书之后，成为更好、更健康的人。

之所以分享这段心路历程，是因为我知道，每个人都有过这样的时刻：怀疑自己存在的价值，甚至忘记了真实的自我，以及我们经历了人生多少的跌宕起伏。有时候，我们反而成了自身最严厉的批判者。我们每个人，都可能在某个时刻，在脑海中编造出关于自己的负面故事，而忘了专注于我们自身的优点。读到此处，你可能会辩驳说：“这些并非我个人的臆想，而是的确有人告诉过我一些关于我自己和我的能力的负面的信息，而我选择了相信这些说法。”无论这种关于自我的狭隘观点来自何方，是来自你的内心还是他人的叙述，你必须要记住，在治愈和释放关于自我的不真实描述和外界的错误投射时，刻意地自欺欺人或直接放弃并没有任何好处。治愈要求我们正视真实的自我，而亲爱的朋友们，这就要求我们要敢于直面惨淡的人生，并挑战自我。我们必须控制和扭转畏缩不前的情绪。

在过去的几年里，我一直在与内心的批判者做斗争，并试图治愈头脑中的负面思想，它们试图告诉我，我不够好。整个治愈是一个缓慢的过程，但我知道自己并非在孤军奋战。从2020年到2021年间，我有幸为成千上万的人提供服务，帮助他们通过写作实现创伤和情绪的自愈。人们在日记本上展现出来的坦荡与健谈，每一次都令我感到震撼。几乎每个人都说过同样的话：“我想找到真实的自己，治愈自己的内心，放弃那些阻碍我做到这一点的所有东西。”但很多时候，因为不知道在剖析自己混乱的人生之后如何治愈自己，人们选择逃避自己遭遇的情感创伤、挫折和痛苦。

我对此深有感触，我自己多年来也一直拒绝接受自身的痛苦，但逃避导致了很多破坏性的行为，例如自我伤害、焦虑、抑郁，以及在18岁时未婚生女，因为我试图在错误的地方寻求关爱、安慰和关注。治愈那些撕裂我们的东西，是一个巨大的挑战，但绝非不可能完成的任务。人类天生就是复杂而有缺陷的，我希望所有人都能够正确地接受这一点，并敞开心扉，迎接自身的恐惧和不完美，因为这是我们与生俱来的东西。

我个人的创伤治愈之旅，一直与写作密不可分，我通过写作，解开了内心的负担，处理了隐藏在内心最深处的情感，并为自己的生活创造了一个新的故事。在我个人的创伤治愈之旅中，写作塑造了现在的我。在未来，写作将继续扮演铠甲和屏障的角色，允许我展示自身的缺陷和不确定性，同时也为感恩、潜力和承认自己一路走来的成就，保留了足够的空间。

写作提醒我，我不需要拼尽全力，也可以开启治愈的旅程。相反地，它是一个温馨的提醒，让我敢于带着好奇心迈出治愈的步伐，准备好接受纸面上的文字可能带来的任何东西。写作成为一个工具，提醒我即使心存疑虑，也应该勇敢地完成需要完成的工作。在利用写作治愈时，我秉持着原始而诚实的心态，翻开空白的纸面落笔，并时刻牢记，我并不是负面情绪或思想的受害者。每当我认为自己无法振作起来，动笔撰写本书时，我记录在日记本里的东西，不仅让我明白了我动笔撰写本书的初衷，也让我找出了导致自己无法继续写作的深层次原因，如果我们总是能够保持足够的好奇心和诚实，就总是能够清晰地找出去做或不去做某事的原因。当然，这不是一个简单或轻松的过程，治愈是一个缓慢但神圣的过程，无论是情感还是身体层面的治愈，都是我们需要付出一生并为之努力奋斗的事业。

我对自己治愈过程的探索越多，以及教授写作治愈课程的时间越长，就越是发现，创伤和情绪的治愈的确是一个没有终点的旅程。创伤不一定就是我们的长眠之地，我们可以感受、处理和意识到自身的痛苦，但并不需要沉湎其中、无法自拔。对我而言，这就是与治愈同行，或完成治愈过程的本意所在，也就是说，每当跌倒或摔倒时，我们都能够重新站起来。我曾经将我们永远无法到达一个彻底治愈的终点这个事实视为一种拖累，但我对自己和自身痛苦的了解越是深入，就越是意识到，最重要的是要选择不长期地停留在自身的痛苦情绪之中，要看清其本身的面目，并使用我在本书中分享的治愈方法，走出痛苦的深渊。

在健康或心理疗愈领域，人们通常将创伤的治愈作为一个最终目标进行谈论，这些信息表明，如果我们能够治愈并克服它（无论这个“它”到底指的是什么），一切都会好起来。然而，痊愈并不意味着我们不会再经历更多的痛苦，或再度受到最初伤害你的事物的再度伤害，治愈是一个永远无法完成的持续过程。或者，就像我经常对客户和学员们说的那样，治愈将不断地提醒我们关爱和关心自己，并邀请我们像呵护他人一样地呵护自己。

治愈是为了帮助我们腾出心灵的空间，重新定义自我和关于自己的叙述，是为了拓展自身和成为更好的自己，是为了原谅他人和自己，创造全新的可能性，然后继续生活。创伤的治愈也是为了创建共同的社区和纽带，为了释放自身的羞耻感，表达自爱的情绪，获得自主权，然后重新开始。我们通过治愈重新定义自己、勇敢地面对恐惧，增强自我的信心，修补人际关系，加深与周围人的联系。治愈，是为了让我们重获自由。

治愈能够创造一种健康的团结感，这是痛苦和破碎感无法做到的。我知道这是真的，因为我自己浪费了很多年的时间，与人们建立基于创伤的联系，而这对他们和对我而言，都是不健康的，最后导致我过度依赖他人，被困在情感的混乱之中。有时候，我们的治愈是为了证明一个观点——在证明自己、改变自己和外人见证的过程中，往往能够取得意想不到的疗效。在你的身边，可能还有人没有做好自我疗愈的准备，但是当他们看到你的改变、打破恶性的循环，并开始愈合时，这看起来几乎就像是一个保证，证明他们也可能在自己的生活中做到治愈。

在我的生活中，同样有许多人没有能够自我疗愈，他们不停地告诉我，我的人生将一无是处，除了作为一个没有生活技能的、支离破碎的少女妈妈之外，没有任何前途。这里的忠告是，如果我们允许外界的声音主导我们的生活，最终只会导致自己崩溃。我不仅拒绝相信这一点，还更努力地不要成为他们期望我成为的样子。

拒绝相信外界的评判，可能会令你成为整个家庭中唯一特立独行、以不同方式行事的人，又或者你将成为朋友群体中，唯一一个决定寻求情感层面自由的人。我知道，这可能会令你感到孤立无援，但不要因为期盼或等待亲朋好友的加入，而忽略了自我疗愈的行动。你需要果断地采取行动、设定界限，然后努力改变，因为你是自己人生的主宰，其他人则是他们自己人生的主宰，而非你的。请记住，你可以深爱着对方，但依然选择不与他们停留在不健康的情绪模式中。你个人的自我疗愈过程可以成为旁观者的示范，这也是一个公开的邀请，鼓励其他人也去探索，在他们的生活中，治愈自我将会是什么样子。

无论你遭受的伤害是断掉的胳膊还是破碎的心，治愈都是一个自我转变和周期性的过程。凡是受伤、破碎或崩溃，无论是生理上的还是心理上的，都必须得到处理，因为忽视问题或创伤，并不能修补和愈合，只会导致思想、身体和精神的迅速瓦解。如果我们无法正视正在受伤或感到疼痛的地方，它就会持续地令我们崩溃。

个人的经验令我意识到，治愈自我是一个积极主动的选择，即发掘如何从错误中学习，并时刻牢记自己的价值。这需要持续地努力，并不断地尝试找出能够修补当下创伤的长处。这就是为什么我会认为，治愈是一个永远不会终结的过程、一种类似天荒地老的爱情或是婚姻的东西。坚定地相信，治愈是一个主动的选择，并可能遭遇重重困难，这让我在最痛苦的日子里，依然能够感受到内心的平静。当我不再执着于一次治愈之后就能够一劳永逸的错误想法，不再怀抱异想天开的期盼时，因此而导致的失望就消失了。时刻记住自己并不是一个破碎的人，依然需要处理那些一度导致我痛苦不堪，并且再度卷土重来的伤害或麻烦的事实，为我提供了从容地应对和处理人生诸多挑战的可能性。

在这本书中，我将邀请诸位和我一起，踏上自我疗愈的旅程，这将是一段让你与自己重新建立联系，并敞开心扉迎接人生给予的欢乐的旅程。我希望本书提供的资源，能够帮助诸位创建专属于自己的自我治愈实践。这本书也是一个善意的邀请，鼓励诸位去探索对自己有效、令自己感觉良好的治愈方法。尽管对于我们每个人来说，治愈给人的认知和感觉都大不相同，但我们的共同点是，我们都希望过上充实和自由的生活，即使眼前有着重重困难。

在阅读本书的过程中，请记住，我们总是有更多的事情要去完成，因为治愈是一个长期持续的过程，所以你能够预想到这会需要很多时间。即使你是整个家庭中唯一采取了治愈行动的人，也不要因此灰心丧气。因为你有能力带领大家一起行动，并确定积极的基调。这听起来像是一个艰巨的任务，但你需要记住，你总是可以放下肩上的重负，将不需要的东西留在身后，你可以将那些老旧的感觉和习惯，从情绪的手提箱中拿出来，如果它们对你的人生没有任何益处，不妨就将它们抛下。并不是每个人都能够理解你对自己的承诺、你对未来的关注，以及你治愈自我的行动。这也无妨，无须担心无人懂你，只需记住你为何要治愈，保持对自己的承诺，坚定前行即可。

当你感觉治愈过于复杂或者难以承受时，我建议你稍事休息。在短暂的休整之后，再回到你试图推动的事情上，继续努力、重整旗鼓，治愈并不要求你以最快的速度完成，而是请你把握好适合自己的节奏，关注自身的需求，并将它放在最重要的位置。关注自身的疗愈过程，是一种自我滋养和救赎的行为，是其他人无法给予或代劳的事情。你有能力做到治愈，哪怕这意味着你需要暂时抽离当前的生活状态，重新校准自己的人生方向。

在这段携手前行的治愈之旅中，我们将一起审视自身的痛苦，以便真实地面对它们，并以健康和自我支持的方式，治愈我们的心灵和情感创伤。我们还将一起分享那些带来快乐、治愈和感激的无数个微小的时刻，因为自我肯定和庆祝也是创伤治愈的一部分。我们将从写作带来的深度治疗中抽身而出，通过快乐的视角，来审视我们的生活。简而言之，我们将回归生活和人生的本质，学习如何确定是什么令我们感觉到自身的存在价值、是什么带来安全感、是什么使我们获得支持。

玛雅·安吉洛曾经说，“不采取行动，你不可能获得任何成功”，请诸位将这句话贴在随处可见的地方。如果你想要让自己的治愈之旅取得可喜的成果，就必须勇敢地站出来解决自身的问题，哪怕这要求你直面自己混乱而惨淡的人生。在这个过程中，你当然可以休息，但也要保证休息之后的重新出发。在人生中，治愈可能会前赴后继地出现，所以不管你的人生境遇是顺境还是逆境，都要时刻关注自己的状态、身体和感觉。当我们开始治愈自我时，就可以开始治愈身边的亲人。亲爱的读者朋友们，这是一个看似激进但必要的行为。

我选择创伤治愈的二十个理由

在你的治愈日记中，将每一页的标题都标注为“我为何要治愈”，然后列出你想到的二十个理由。你可以选择一次性地写下二十个理由，也可以选择在灵感来临时再记录。我在下面给诸位提供了一些提示，以激发你们的灵感和创意。

我要治愈，因为我想……

我要治愈，因为我需要……

我要治愈，因为我值得……

我要治愈，因为我感觉到……

我要治愈，因为我看到……

我要治愈，因为我爱……

我要治愈，因为我的……

我要治愈，因为我是……

我要治愈，因为我可以……

我要治愈，因为我选择……

完成这个清单之后，选出你认为最重要的三个理由，并将它们写到便笺纸上，将这些便笺纸贴到自己工作或生活空间的某个地方，厨房、浴室的镜子上或者卧室的床头柜上，你也可以拍一张照片，将其设为手机背景，以便时刻都可以看到。因为频繁地看到这些理由，不仅让你更容易相信它们，也能够让你时刻牢记。在构思治愈理由的时候，要学会享受其中的乐趣，而不要感到有负担，并时刻记住你为何要治愈自我。如果你需要一个示范，不妨看看我完成的清单吧！

我要治愈，因为我想要获得情感自由。

我要治愈，因为我需要清晰地认识。

我要治愈，因为我值得拥有内心的平静。

我要治愈，因为我拥有开放的心态，并觉得自己做好了充分迎接生活的准备。

我要治愈，因为我看到了成长的可能性。

我要治愈，因为我喜欢回顾自己走过的路。

我要治愈，因为我的孩子在看着我。

我要治愈，因为我努力想要打破不健康的循环。

我要治愈，因为我可以在我的生活和心灵中创造和平。

我要治愈，因为我选择相信未来的过程和旅程。

第一部分

从头开始

治愈是一段没有终点的旅程。即使我认为自己已经摆脱了那些负面的事情，生活还是会打得我措手不及，把我带回到自我怀疑和消极的自我对话的地方。最近，在和闺蜜艾丽卡（Erika）的一次旅行中，我得到了这个教训。

艾丽卡和我租了一个古朴的老房子，我们坐在房子里的木桌旁，一直谈论彼此的生活，以及我们在为人母亲、婚姻关系和工作方面发生的许多转变。她跟丈夫分开了，而我在新冠疫情暴发期间只能每天居家，这令我十分痛苦。一杯红酒配着晚餐，我们畅所欲言地分享，无论是好的、坏的、变化的还是令人痛苦的人生经历。我记得自己当时在想，能够拥有这样一段令人放心地分享真实想法的闺蜜情，因为你知道对方不会妄加批判，而只会聆听，的确带来了一种治愈的作用，能够享受这样一段不受外界打扰的闺蜜相处时光的感觉真好。

当我们的对话从当前的生活发展到回忆童年时，我觉得应该开始烘烤我已经连续做了一个月的桃子脆皮馅饼。我一整天都在疯狂地给艾丽卡推荐这款点心，我们俩都迫不及待地想要开始动手制作了。

以前的我对烹饪并不怎么热衷。小时候，对我来说，厨房并不是一个有趣的地方。到处都是乱糟糟的东西，而我在厨房里只会碍手碍脚，而不是真正能帮上忙，所以我并不热衷进厨房，而是选择远远地看着母亲烘烤和烹饪。下厨对年幼的我而言，更像是一种被禁止的事情，而不是一种释放天性或神圣的事情。等到我二十出头的时候，一个亲密的朋友教会我不要想太多，只需要放松身心在厨房里品尝美食和享受过程即可。回想起来，这是我在信任方面学到的第一堂成人课：哪怕你不知道自己在做什么，也不妨一试。现在，作为一个喜欢烘焙的成年人，尤其是喜欢带着孩子们一起在厨房里打发时间的妈妈，我发现从头开始制作美食，看着孩子们在厨房里制造混乱，看着他们衣服上沾满了面粉、台面上到处撒满了饴糖，以及舔干净满是面糊或糖霜的勺子时，我总是能够获得很多的治愈。每一次的从零开始，创造出一些能够让人填饱肚子、面带笑容的美食，不仅能够陶冶情操，还能够滋养一个人的身体和灵魂。

听到馅饼烤好的提示音响起，艾丽卡和我冲向烤箱，兴高采烈地准备尝试这道美味的甜点。它看起来非常好吃，有着完美的金黄色，馅饼顶部的糖霜已经呈现漂亮的焦糖化，还能看到黄油像迷你的小火山一般，在面皮下咕嘟咕嘟地冒泡。我对它的外形十分满意，拍了一张照片，分享给了妈妈和外婆，展示自己的成果。

妈妈给我回了一条短信，说：“你的烘焙技艺见长了……”

“我的厨艺见长？”我回复短信，写道：“我已经做饭和烘焙好多年了，我要给一大家子人做饭呢，这又不是什么新鲜事儿。”

对话到此终结，妈妈没有再回复我。

我气得全身的血液都在沸腾，因为自己给她们发了炫耀厨艺的信息而感到十分沮丧。在那一刻，我想着，我的母亲当然永远都不会夸我“亚力克斯，这很好！”或“干得好！味道如何？”或者哪怕只是一个简单的“好吃！”也足以令我高兴。母亲总是会说一些令我质疑自己的话。我抬起头，不再看着手机，眼里含着泪水，觉得自己受到了深深的伤害，也觉得自己傻得不行。艾丽卡问我发生了什么事情，我控制不住地开始抽泣。艾丽卡把我拥入怀中，用温暖、充满爱意的声音安抚我：“没事的，宝贝！生活中总会有一些东西触发我们的悲伤，但我们还是要想办法努力克服。”

在我终于平复了心情之后，我们谈论了这个问题，我向艾丽卡解释了自己突如其来的悲伤，因为不管我做什么事情，无论大小，母亲的反应总会令我感到名誉扫地或无地自容。哪怕我已经非常努力来治愈和处理这些负面的东西，比如与母亲的糟糕关系，但我们母女之间的一些互动，即使是这样一条简短的短信，也会让我退回到情绪失控的糟糕境地。

我谈到了感觉自己是整个家里唯一有思想的人是多么的痛苦，以及作为整个家庭的唯一治愈者，是多么的困难和孤独。我对自己感到沮丧和失望，因为我还没有达到接受某些事情将永远不可改变的程度。在家庭关系方面，一次又一次地从头开始，尽管就像我喜欢的烘焙一样，只会带来令人沮丧的效果，而不是感觉有所收获。

这样一个本应体现温馨母女情但最终惨淡收场的时刻，给我带来的教训是，我可以选择与现实的情况和平相处，或是继续将自己置于明知不可能实现，但仍期待结果有所不同的失望环境中。这并不会让我或者母亲成为一个好人或坏人，只是意味着有些事情可能永远都不会改变，而我们母女始终不是同路人。而且，我才是那个难以接受事实的人，母亲并没有像我一样感到受伤，因为她并不知道，这样一个简短的短信交流毁掉了我整个美好的夜晚，让我感觉自己受到了侮辱和伤害。我依然在努力治愈童年时期的创伤，努力去弥合那些年代久远的疼痛，而艾丽卡为我保留了足够的空间，给了我一双专注倾听的耳朵。她提醒我，我们的父母已经竭尽所能，有时候他们的付出或努力并没有支持我们自我疗愈的过程，或许并没有以我们想要或需要的方式提供，但这已经是他们能够做到的最好的情况了。

经过多年的实践，我现在已经非常了解从头开始的感觉，以至于它现在更像是一种类似烘焙那样，能够令人重新恢复活力与勇气的工作，而不是耗费精力的无用功。滋养自身和我们的人际关系，要求我们有奉献的精神、清晰的沟通和一颗开放的心。当我们学会放开控制欲，满足我们的需求和愿望时，即使其他人令我们失望、感觉被辜负或悲伤，想要获得关于人生的清晰感和确定感也更容易。治愈、悲伤和痛点，会反反复复地在生命中出现，它们并不是一次性事件，因此总是需要从头开始，但这并不会令你变得软弱、感到自己不值得或无法改变，而是让你成为一个能够适应其他人的感受的人。让生活中的这些逆境，展示你的人生阅历；让生活中那些微小的欢乐时刻，例如在馅饼上撒下糖霜，提醒你在自我疗愈的过程中取得了多少成就。人生中发生的一切事情，并不一定都是坏事，即使它们挑战了我们的极限，或推动着我们朝着新的，有时候令人感到不适的方向成长和拓展。

你或许会认为，与母亲的简短信息交流，并不值得我那么大惊小怪，但对于一个多年来与母亲的关系十分复杂且纠结的人来说，这的确是对我的一个巨大打击，主要是因为，每当我认为我们的母女关系终于前进了三步时，就会发生一些事情，导致彼此的关系倒退数十步。

之所以分享这个小故事，是因为在我们自我疗愈的过程中，即使我们自认为已经解决了问题，或取得了长足的进展，我们仍可能需要反复处理同样的问题。人生中的缺陷或脆弱，可能会在任何特定的时刻重新浮出水面，又或者倒退成为一种不定时的常态。因此，一次又一次地从头开始，并不是错误的做法。没错，这听起来令人疲惫，然而重塑我们关于治愈过程的看法，对个人的成长和发展很有必要。在这样的时刻，从容的态度、自我同情和自我抚慰能够发挥极大的作用。与艾丽卡在一起的那一刻，在我的情绪稳定下来，内心那个悲伤欲绝的小孩退去之后，我拥有了治愈自己所需的工具，令自己感觉更好，重新找回了生活的重心。

在下一节中，我将聚焦于如何处理自我怀疑和恐惧的情绪，并通过一些练习，帮助你在自我疗愈的过程中保持稳定和正确的方向，以确保在需要从头开始的时候，你拥有可以重整旗鼓、从头再来所需的工具。

如何应对自我怀疑和恐惧的情绪

在自我疗愈的过程中，会出现许多走回头路和不确定的时刻。尽管我希望事实并非如此，但事与愿违，倒退、犯错或不得不重新开始的好处在于，如果我们足够有意识、给予足够的关注，就可以获得有益的经验教训。谈到疗伤，无论是在心理治疗的过程中，还是在指导性的日记训练中，在与亲人的对话中，抑或在与自己的对话中，那些我们必须完成的困难的事情，听起来可能令人心生恐惧。自我怀疑和恐惧的情绪会试图吓退我们。但是，逃避我们害怕看到的东西，不会使导致我们痛苦的东西消失。解除自我怀疑和恐惧的情绪并非易事，如果没有正确的工具可以使用，就会觉得很累。但解决问题的关键，是锻炼我们的同情心、承诺和勇气等情感肌肉。

我们将一起努力，通过写作练习来强化这些情感肌肉，并解决恐惧和自我怀疑的情绪。我想要给出的建议是，从小处着手，然后循序渐进地拓展，因为在进行这种类型的内省治愈时，人们总是想要一蹴而就，一次性解决所有问题，而不是一点一滴、循序渐进地解决。我曾一度十分擅长这么干，我以为匆匆忙忙地完成整个治愈过程，会让它变得更容易，而且加速过程能让我有更多的时间去完成下一个需要治愈的事项。但无论是过去还是现在，这都被证明是不可能的，我没有意识到的是，我也是熬过了多年的伤害才走到今天，所以治愈的过程也需要很多年，甚至是一生的时间。我知道，没人愿意去做一件永远没有终点的事情，但这就是人生的一部分，我们必须学会持之以恒。

休息也是治愈之旅的一个重要组成部分，虽然很多时候，我也会因为有太多的治愈需求而感觉疲惫，但适当地停下来休息，不再担心那些脆弱的、疼痛的或令人心碎的时刻，给予了我巨大的帮助。内心那些恐惧的声音，会试图劝我不要停下来休息，因为一旦我停下脚步，可能就会错失宝贵的东西。我也曾拒绝休息，因为我害怕自己休息之后，就不能重拾被中断的工作。然而，在逃避修补情绪创伤数个月后，我终于说服自己，要相信自己的能力和已经取得的成果。适当的休息并不会毁掉这一切，也不会阻碍未来的治愈效果。在适当的时候，选择后退一步，提醒我找到快乐，相信自己值得享受轻松的时光，并能够享受在所有艰苦的情感努力之后出现的些许幸福。

大部分时候，这种不堪重负的感觉来自试图在我们的头脑中想象那个最终的画面——“痊愈”后的自我——那个不再需要努力的终点。为此，我们急于求成，因为我们希望自己已经成为更好的人。但在你尝试自我疗愈的时候，我建议你反其道而行之，放慢脚步和节奏。匆匆忙忙地处理那些你需要解决和调整的事情，只会带来更严重的挫败感和更低的自我同情心。这种匆忙可能会将你击倒，分散你的注意力，并导致你无法重整旗鼓。我很快就意识到，治愈的努力在仓促之中并不会顺利地开展，不耐烦的情绪只会令你毫无进展，相信我——这是我遭遇挫败之后获得的经验之谈。

同样的原则适用于精神和身体层面的治愈。如果我们骨折了、被割伤了，或者身体的某个部位擦伤了，都需要耐心地等待一段时间才能愈合，不是吗？因此，心理健康、创伤的治愈和情感健康也是如此。如果我们因失恋而伤痕累累，因童年受虐待而痛苦不堪，或因父母关系不好而心神不宁，我们同样需要足够的时间、关怀和温柔来治愈自我。我们不能加速度过痛苦——我们必须学会与之相处，然后耐心地克服和解决它。我们必须学会先沉浸于这种痛苦之中，然后才能够越过它，抵达彼岸。如果你允许自我怀疑和恐惧将你吓跑，只会令你自己离内心平静、治愈和从容生活的最终目标越来越远。

多年以来，我也逐渐意识到，我害怕慢慢来，害怕处于漫长的自我治愈的过程中，是因为我不知道在任何特定的时刻，会有什么创伤、情绪触发点或过去的伤痛浮现出来。我并不是一个钟爱惊喜的人，而我承诺要做的这项灵魂重建工作的确会带来无数的惊喜或惊吓。我很怀疑自己并没有能力处理那些突然浮出水面的激烈情绪。学会循序渐进，有时候甚至是一分钟一分钟地处理创伤，让我拥有了足够的空间，相信自己可以处理好这些需要花费耐心和时间来治愈的问题。我意识到自己不必急于求成，但必须清晰地感受这一切。当我做不到的时候，我也必须相信自己有足够的能力暂时搁置问题，稍作休息之后，便能带着更清晰的视野、更轻松和更开放的心态再回来处理。

但这并不是说我们不能感到害怕，因为这的确是一项令人生畏的任务。我只是想要鼓励诸位，不要逃避那些落到纸面上，令你感到心中畏惧的东西，要学会成为恐惧的朋友。要正视它们的存在，不要怀疑自己拥有治愈能力，不要怀疑自己能够谱写积极的人生。当然，这需要花费大量的时间、经历反复的实践和失败。然而，当你下定决心，不断地尝试心灵的治愈时，就能够找到方法，在自我心灵疗愈的道路上学会耐心。如果你终于学会，在恐惧出现时尽可能地继续治愈的行动，而不是直接放弃，那么整个过程也将变得没有那么可怕。你要对自己和整个治愈过程保持足够的耐心，因为所有治愈的行动都旨在提醒你要坚持不懈，哪怕遭遇了不确定和焦虑的情绪。

在接下来的写作练习中，你将开始学习如何通过文字，一点一滴地开解自己的痛苦，并确定到底哪里受到了创伤以及造成创伤的原因，还有你想要获得什么感觉。当你下定决心去挖掘时，就是在试图重新获得力量，并勇敢地直面现实。

确定痛点和感受

在日记中写上三栏，每一栏的标题分别是下面的问题："什么造成了痛苦？""哪里感觉到痛苦？""我想获得什么样的感觉？"然后在每一栏标题下逐一写出相关内容。你写下的事件可以关系重大，也可以是琐碎小事，但无论你写什么，确保如实地描述自己的感受，无论它听起来是否愚蠢，是否微不足道，或者是否过于夸张，导致一页纸都倾诉不完，这些都不重要。因为这个日记训练的目标，并不仅仅是将这些东西写下来，而是要有意识地表达自己的脆弱。当你在每一栏标题下，通过文字表述情绪时，不妨停顿片刻，思考并回读你写下的内容。因为每一栏应该包含三五件事，不要急于一下子完成整个练习，在接下来的几天里再回过头来看，看看哪些东西最能引起你的共鸣，全新的眼光总是能够让这个过程更容易完成。完成整个表格的内容填写之后，从每一栏中挑选出最有共鸣的东西，并通过问自己"为什么"和"如何解决"的问题来解读它。请看下面的例子，可将它们作为参考。

什么令我感到受伤？>被解雇了。>为什么会因此感觉到痛苦？>因为我感觉被打蒙了，现在正在艰难地处理这种突如其来的拒绝感。>你想获得什么感觉？>我希望在下一个团队中，感到自己是有价值的一分子。

什么令我感到受伤？>婆婆因为患有乳腺癌离世了。>为什么会因此感觉到痛苦？>因为她是我们家庭的黏合剂，我们对她的思念无以言表。>你想获得什么感觉？>即使在困难的日子里，我们也要感恩她的存在，我们想尽可能多地感受她的存在。

什么令我感到受伤？>感觉自己从小就不被爱、总是被拒绝。>为什么会因此感觉到痛苦？>因为童年的阴影，使我在成年后仍然感到不值得、迷失和孤独。>你想获得什么感觉？>我想在自己身上感到安全，在人际关系中感到被爱。

通过心灵的治愈重获自由

泰玛·布莱恩特（Thema Bryant）博士

我是一名创伤领域的心理学家和教授，通过培训和教导有兴趣从事心理学工作的人，无论是通过教育、研究、宣传还是活动，来促进心理创伤的治疗。我个人的专长是创伤的复原，在创伤心理学中，我主要研究文化对个体创伤经历的影响，以及我们如何实现心灵的治愈。

对我个人来说，心灵治愈的途径是在表现性艺术中找到的，尤其是舞蹈和诗歌。我还在个人的心理治疗、社区和社会支持、灵性和行动主义中发现了可以实现心灵治愈的方法。这五条途径对我个人和我的治愈旅程而言，是不可或缺的。在帮助其他人治疗心灵创伤时，我也会整合利用这些治疗途径。

当我还是一个大学生的时候，受到了性侵犯。侵犯事件发生时，我正在美国马里兰州巴尔的摩的家中休息。在遭遇这个事件之前，我一直是个优秀的学生，总是名列荣誉榜或院长嘉奖名单，而且我喜欢学习。遭遇这次事件后再回到校园时，我发现自己很难集中精力和注意力，总是感到沮丧和焦虑。我必须找出一种方法来治愈自己的创伤，才能朝着一个健康的方向迈进。

我采取的一个自救策略，就是前往大学的心理咨询中心，接受一对一的心理咨询治疗。尽管我现在没有就职于任何大学的心理咨询中心，但在获得心理学博士学位后，我的第一份工作就是在大学里的性侵犯应急处理办公室担任协调员，这对我个人而言，意义重大。因为我知道，当你的世界遭遇了天翻地覆的冲击时，有一个训练有素、富有同情心和知识渊博的人伸出援手，帮助你理解自己的问题和现状、治疗创伤，是多么重要的事情。

尽管在求学期间，我已经很确定自己想要成为一名心理学家，但我也确信，我对性创伤的重视，在很大程度上源自我个人遭受侵犯的经历。在心理治疗领域，我发现一个事实，只有在创伤幸存者处于崩溃边缘的时候，你才能够听到他们讲述自己的故事。环顾四周，我并没有看到人们在痛苦经历的另一面找到快乐的任何可行模式。我发现，这往往是因为人们努力地克服了这些创伤，然后选择深深地将其掩埋，我个人的反应就论证了这一点，因为我有时候也羞于与其他人谈论自己遭受性侵犯的经历。但打破沉默和羞耻感，对个人心灵创伤的治愈至关重要。从心灵治愈和完整的角度谈论这段惨痛的经历，让人们看到和知道，我们没有必要一直停留在遭受伤害的地方。

在学校接受的一对一心理咨询治疗非常有用，而我个人对艺术的热爱也发挥了重要作用。许多性创伤的幸存者与他们的身体有着复杂的关系，其中一些人对自己的身体感到愤怒。在受到性侵犯之前，我一直是一名舞蹈家，我很感激母亲在我成长过程中让我接触到了舞蹈这门艺术。我还在上幼儿园的时候，母亲就让我参加舞蹈课程。舞蹈给了我一种语言，让我通过肢体的动作来讲述我的故事。在我找到口头语言表达形式之前，我会先将情绪和想法跳出来。这就是创造力的一种礼物，你可以尽情地表达自己想要表达的东西，也可以沉默不言。

除此之外，我还写诗。诗歌与舞蹈一样，给了我一种表述的渠道和宣泄的出口。我在诗歌中写到了这段性侵犯的经历，但很多人不知道我在说什么。出乎意料的是，还是有那么几个人给予了足够的关注，并理解了我所说的内容，他们会满怀同情地对我说，“很遗憾，在你身上发生了这么糟糕的事情”。艺术允许我获得自由，并真正地实现了心灵的治愈，它为我提供了重新获得对自身掌控权的机会。

事实上，很多糟糕的人生经历往往是难以启齿的，而且带来很强的羞耻感，人们总是告诉我们要闭口不谈，但这实际上会损害我们的身心健康和生活福祉。对于寻求帮助的客户，我会鼓励他们通过写诗来找到自己的声音，尤其是在他们感觉自己无法将创伤的经历大声地宣之于口时。创伤的经历往往会令人感到自己是孤立无援的，或是自己与其他人不一样，它们往往会令人觉得自己已经彻底崩溃，而其他人却过得很好。在治疗心灵创伤的过程中，我发现社区的支持很有帮助，能够得到他人的信任和支持，会极大地改变我们治愈心灵的方式。与那些没有经历过同样的事情，但由于他们自身的经历，能够对你的遭遇产生共鸣的人建立联系，对自我的心灵治愈很有帮助。这种群体和社区的联系，将使受伤的人不再感觉那么孤立。作为心灵治愈领域的从业者，我发现，在心灵治愈的过程中，为艺术的表达和社区治疗提供足够的空间是至关重要的。

信仰也在我的生活和工作中发挥了很大的作用。在职业领域，我一直试图有意识地成为信仰群体和心理健康社区之间的桥梁，因为大多数时候，这两个群体处于井水不犯河水的独立状态。因此，在获得心理学博士学位的同时，我还获得了神学硕士学位。我热衷于帮助信仰团体允许自己和他人说出真相。例如“我崩溃了、我很累、我很沮丧、我很生气、我很压抑”等，而且人们不应该因为信奉上帝，而被剥夺了表达的权利，或因此感到羞耻。

我希望人们能够正常地看到，心理健康问题的确会对人们的信仰产生影响，有信仰的人同样有可能而且确实经历过创伤、抑郁症和心理健康挑战。

最后，我们公开地、自由地谈论灵性、创伤和心理健康。考虑到我的目标是培训未来的心理学家，而他们中的很多人，从来没有接受过心理学相关的教育，不知道如何询问人们的信仰、灵性，但对于很多人来说，无论是寻求帮助的客户还是治疗师，信仰都是他们获得人生意义的核心要素。想象一下，你与某人共事数月，甚至数年，而你甚至不知道他们如何看待这个世界。

认为信仰不是心理治疗师应该关注的东西，对寻求帮助的客户而言没有任何好处。很多时候，心理健康专家要么完全忽视了信仰的问题，要么说了一些非常鄙视或不尊重人的话，这会导致有信仰的人不想再寻求帮助。我们希望能够在心理治疗中避免这种情况，因为我们希望人们能够回来继续交流和寻求帮助。心理治疗领域的文化意识，不仅关乎种族或民族，也涉及人们的信仰。有趣的是，这并不是什么新鲜事，女性、有色人种和受教育程度较低的人，更倾向于寻求精神性或宗教性的寄托。因此，如果我们的心理干预措施忽视了有色人种妇女生活中这个至关重要的方面，那么作为治疗师，我们就忽视了她们的真实需求，并且无法提供有效的治疗服务。

多年来，我已经越来越擅长利用“不”的力量，并能够很好地尊重工作和私人生活之间的界限。因为新冠疫情的暴发，2020年成为前所未有忙碌的一年，也并不令人惊奇。作为一名心理健康领域的专业人士，我一直致力于帮助和服务我的客户和社区。在这段时间里，在涉及工作生活和私人生活的界限时，在如何以及在何时说“不”这方面学到的经验教训，将我的心理治疗推向了更深刻的领域。这对我个人而言非常重要，因为我总是希望自己有能力帮助他人、服务社区，这也是我选择心理健康领域的初衷，然而由于新冠疫情的全球肆虐，所有人的生活都变得不堪重负。

最终，疫情导致黑人社区的成员寻求心理健康服务的数量达到了前所未有的程度，尽管有些人依然在疫情下保持着悠闲的生活节奏，但心理健康领域的人却忙于帮助源源不断的客户，照顾自己和家人的心理健康。我不得不开始把客户介绍给其他心理健康专家，这让我感觉很糟糕，因为人们出现在这里是为了寻求治疗和获得帮助，而我却不能按照自己的意愿为他们提供支持。最后，我开始接待尽可能多的客户，直到超出了我个人的极限，但这也彻底地破坏了我的个人生活，最终我意识到自己需要停下来，告诉自己，“我不可能拯救每一个人”。这个顿悟的时刻，成了我那个高压阶段的一个解放点。我不仅学会了设定更好的工作和生活的界限，而且还尊重了个人的人性和自己在情感上休息的能力，这样我才能在工作和生活中充分地发挥潜力。适当的暂停和独处，是心理恢复和治愈的必要条件。

创伤治愈与疼痛的双重性

专注于伤痛与愈合是如何同时存在、携手并进的，将为我们打开一扇大门，以非线性的方式看待治愈的过程。当我们可以将二者视为人生之旅的伙伴时，就可以从二者中获得宝贵的经验和教训。通过写日记的方式，明确二者的存在和相互关系，我们就可以开始认识到二者如何共同作用，帮助我们成长。下面的写作练习，将帮助你将所思所感写到纸面上，近距离地观察导致伤痛的原因以及如何治愈。

维恩图解[1]

在这个写作练习中，请你确定痛苦和治愈同时存在的双重性。在日记中，请使用两个重叠的圆圈，画出一个维恩图，其中一个圆圈标记为“痛苦”，另一个标记为“治愈”。在每个圆圈及其与另一个圆圈重叠的空间里，分别填上符合你个人情况的相关词语。

这个过程可能颇具挑战性，因为有时候，悲伤这个词不仅与痛苦相关，也可以是治愈过程中带来的感受。试图搞清楚这些词应该放在哪个圆圈内，可能就足以令你心生退意，我个人的建议是不要想太多，只管先把内心想到的词语写下来。一开始先倾泻内心的思想和情绪而不是想太多，会很有帮助。只要一个词语出现在脑海中，只管把它写下来，而不要想太多，是一个不错的开始。在真正开始写作练习时，再回过头来思考每一个词语应该放在哪个圆圈里。当然，在这个过程中，你可以选择更改、删除、添加词汇，甚至将一个词语拆分成三个部分进行描述。所有的做法无关对错，你只需要保持

[1] 英国逻辑学家维恩制定的一种类逻辑图解，利用图形的交合来表示多个集合之间的逻辑关系。——译者注

写作的状态即可。

下面是我日记中的一个练习例子，请随意从其中抽取出与你产生共鸣的词语。

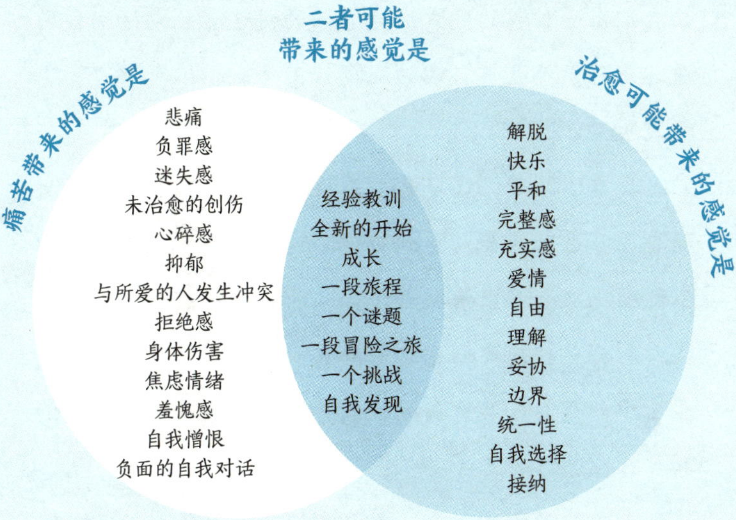

为双重性创造空间

这是一个关于双重性、勇气和脆弱性的练习。希望通过这个练习，你能够确定自身的恐惧，但同时能够通过积极和肯定的表述，肯定你自己。在日记中翻开一张空白页，做一个T形图。一边标上“什么让我害怕”（恐惧和自我怀疑），另一边标上“我可以”（正面肯定）。

当我们将事情写在纸上时，我们可以看到真实的自我展现出来，无论大事小事，将这些事实写下来，可以让我们以一种新的方式成为真相的讲述者。它鼓励我们通过写作，拉近与自己的距离，因为我们不再逃避、隐藏或欺骗自己。

我自己做日记练习时，喜欢在纸上尽可能真实地表现自己。这可能令人感到极度不适，但事实证明，这种不舒服感从长远来看利大于弊。为什么？因为它迫使我去看到那些我想要刻意逃避的东西，激励我不仅要看我生活中的负面或具有挑战性的事情，还要看正面的事情和我正在走的克服困难的道路。

我在这里的建议是，不要害怕通过写作剖析真实的自我，而是要欢迎它。如果你有恐高症，就写下来；如果你害怕被抛弃，就写下来；如果你害怕你再也找不到爱，或者根本找不到，就写下来。只要是你的真实想法，就不存在区别。

只要你想，或你需要，这些清单可以是鞭辟入里的，也可以是轻松的，唯一的要求是对出现的任何思绪，都要毫无保留地诚实。写作疗伤法就是要求你能够识别涌现心头的恐惧、喜悦、爱和感激的微小时刻。我们不必每次都描绘自己远大的理想或雄心壮志，因为那些人生的低谷同样也需要我们去探索。关于自己的真相，并不总是看起来很美，但也无须如此。因为真相往往总是残酷的，而写作练习也不是为了展示一个伪装出来的角色。我们动笔写作，是为了真实地面对自己，开启治愈。因此在练习的时候，请时刻牢记这一点。

在T形图的左边栏和右边栏分别写上1—10。我知道，一开始要列出十件事可能并不容易，但你可以循序渐进，一步一步慢慢来。提醒自己，这个写作练习不要求完美，如果第一次尝试让你觉得很难，也没关系，请坚持下去。你也无须一次性完成这个清单，可以将它当成一个日常练习，每天完成一点点。如果你觉得压力很大，可以给自己五天的期限，每天在清单上新增两个事项就行：一个在“恐惧”栏，另一个在“自我肯定”栏。

如果你需要一些灵感，请查看下文我列出的清单。

什么令我恐惧：

我不够好

我的生活原地踏步

感到孤独和不被爱

失败且无法从失败中崛起

拥有一个破碎的家庭

在活出完整的人生之前抱憾离世

感到不快乐，不知道在哪里或如何找到快乐

陷入困境

无法实现经济自由

总是把别人的需求看得比自己的需求更重要，并因此感到疲惫不堪

我可以：

有能力发现自己的价值

采取行动，推动人生向前发展

被人爱着，并发现在孤独中寻找平静的意义，即使这很困难

明白失败是成长和成功的一部分

开始新的家庭传统，并将在这种美中找到整体性

今天还活着，将拥抱生活在当下的感觉

掌控自己的幸福，并将尽我所能彻底执行这一真理

允许自己在必要时多次重新开始

为自己的财务自由做准备

首先照顾好自己的需求，使自己有足够的能量和空间来分享富余的东西

回首过去，我总是会感叹原来自己成长了许多，在恐惧栏里写下的一些东西，仍然会令我感到些许害怕，但它们不再像以前那样，触发深刻的情绪共鸣。我在自我肯定那一栏写下的东西告诉我，即使在恐惧和怀疑中，我也能对自己和治愈的过程保持耐心、善良和同情。在列举清单时，要记得释放那个告诉你，你做错了，或者你害怕的事情很傻的批判性声音，它想要欺骗你。要找到治愈的能量，你需要足够勇敢，让内心这个批判你的声音闭嘴。你练习的次数越多，就越能够学会如何与可能出现的不适感和谐相处。允许自己在写作的过程中纠结与犹豫，不要急于完成，而是要给自己定下合适的节奏，注意自己的感觉。

我正在创造空间

当你探索恐惧和自我怀疑的双重感受时，请你放下任何对你不再有用的情绪包袱，为清晰性、休息和愈合腾出空间。这就要求我们放下那些压迫自身，并使我们陷入困境的思想、情感和事物。我们一直坚持的所有这些负面的东西，都不应该跟着我们继续往前走，放手的确会令人感觉不适，但紧紧地抓住那些本应放手的东西，往往弊大于利。

这种帮助我们腾出心理空间的冥想练习可以每天重复，这个练习将成为一种提醒，让自己在一天开始之前或结束后，允许自己放下恐惧和自我怀疑的情绪。你可以选择一句令你最有共鸣的话语，将它写在便条上，放在随处可见的地方。你还可以录下一些自我肯定的话语，在需要加油打气时播放给自己听。

在开始冥想练习之前，鼻子吸气，嘴巴呼气，先进行三次深呼吸的练习。

在恐惧面前，

我将为勇气留出空间；

在自我怀疑的存在下，
我将为自信心腾出空间；
在匆忙的情况下，
我将为放慢速度腾出空间；
在不堪重负的情况下，
我将为休息腾出空间；
在过度思考的情况下，
我将腾出空间，让自己放手；
在混乱的情况下，
我将为内心的平静留出空间；
在困惑面前，
我将为清晰创造空间；
在痛苦面前，
我将为自我怜悯留出空间。

提供自我宽恕

憎恨自己并不是自我治愈的肥沃土壤，不管你因为自己做过什么事情，或没做什么事情感到懊恼，因为不知道或知道某些事情感到悔恨，无论是在过去还是现在，你都要选择宽恕自己。因为犯下的错误而责备自己，并不会使你经历的结果有所不同。

自我宽恕为情感的扩展创造了空间。当我们能够放下并原谅那些曾给我们带来痛苦和折磨的事情，或者原谅我们曾犯下的错误时，就能够为成长创造空间，我们就可以开始练习成为一个对过去和现在的自己更有同情心的人。当然，反过来，我们也能够向其他人提供这种同情心。治愈的过程，给予我们新的方式，使我们获得成长。成长是一种自我的解脱，即使我们需要迎接困难的事情、艰难的选择和具有挑战性的时刻。

然而，宽恕自己并不是一件容易的事，这是一个复杂的过程，尤其是在你犯下错误、伤害了他人或自己，或认为某些事情搞砸了都是自己的错时。但你要牢记，人无完人，我们需要通过不断的自我宽恕练习，学会不再为那些已经无法改变的事实，在情感上折磨和虐待自己。在你阅读本书时，要明白自我宽恕是所有类型的宽恕行为中最重要的一种。这是你需要独立完成的旅程，当你能够放开自己的创伤，将所有的痛苦宣泄到纸面时，宽恕将给你带来全新的可能性。

当我18岁就成了一个单身母亲时，开启成长和治愈的旅程，意味着我要克服重重困难，原谅自己。我当时处于一种极度破碎和不健康的状态，无比憎恨自己，因此走上了一条自我毁灭的道路。但有了女儿之后，我内心深处的一些东西被点燃了，我开始选择朝着积极的方向转变，给女儿提供我自己从未获得过的稳定情绪和情感支持，因为我想要成为全世界最好的母亲和女人。我不仅想以身作则，而且还想生活在充满爱的环境中。

但这个过程很难，因为从来没有人教过我如何这样生活，在这条摸索的道路上，我曾迷失过无数次。当我在更深层次上探索自我疗愈时，我在正确的方向上取得了很大的进步，但我十分排斥和逃避自我宽恕。自我宽恕给我的感觉压力太大，太可怕了，就好像我并不值得。多年来，我学到了很多关于自己需要治愈的东西，明白哪些行为和想法导致我成为少女妈妈。自我疗愈帮助了我，而写日记训练对我而言，成了一个情绪的宣泄渠道。通过写日记，治愈开始发生，尽管缓慢，但的的确确使我变得更好。然而，我依然试图逃避自我宽恕，这阻碍了我的进步，使康复之旅受阻。

到了30岁，我发现自己依然因为当年没有珍惜自己和自己的身体而感到生气和不安，尽管当时的我已经做了12年的母亲，我为年少无知的自己感到悲痛，因为她不了解现实而生气，我甚至养成了一个不好的习惯，为自己在托付了信任的人手中经历的虐待而责备自己。直到有一天，我彻底崩溃了，再也无法忍受这种感觉，我的双眼充满泪水，我对自己说：“我为所有发生的事情感到抱歉，我原谅你做过的每一件事，无论你做了什么，我都会依然爱你！”我的自我宽恕之路尽管粗糙、凌乱和充满痛苦，但从那天起真正开始了。

在自我疗愈的道路上，我必须克服的最大难题，就是学会原谅自己过去犯下的错误，以及可能不断重蹈覆辙做出的错误选择和决定。在我开启自我宽恕之旅时，我意识到学会重新开始是至关重要的，我必须学会在必要的时候重启人生，因为在我开始真正地原谅自己之前，我不可能真正地治愈自己。

因此，我也建议诸位放下自我憎恨的盔甲，它并不能保护你免受任何东西或任何人的伤害。我们不可能利用一个不完整的治愈过程实现疗伤的目标，而是需要全盘地接纳，无论是好的、坏的、可耻的、悲伤的还是光荣的。每一天，你都要与自己相处，因此为自我宽恕预留空间变得重要，你需要陪伴自己度过这个阶段，一步一步、循序渐进地原谅自己所有的错误和不完美。

给自己写一封信

这个练习要求你给自己写一封自我宽恕的信。想一想你生命中某一个重要的时刻，直到现在依然令你念念不忘。例如，我几年前给自己写的信，以关爱和宽恕18岁的自己为重点。也许你也曾因为犯下的一个错误，而对自己过于苛刻；也许你做了一些令自己感到羞耻的事情，但一直没有给自己提供一个宽恕的环境，让这件事真正地成为过去。

每个人都很可能犯下过自己无法原谅的错误，或做出过糟糕的选择，又或者你是虐待或攻击行为的受害者，却因为发生的事情责备自己。不妨深入地挖掘这一点，看看有什么东西浮出水面。展示自己的脆弱是值得鼓励的，这将帮助你解决问题，从个人的失败，到无法控制的事情，到你原谅自己的能力。在这个过程中，诚实地接受每一种可能出现的感觉，无论是不加修饰的、脆弱的还是诚实的，然后给予自己宽恕、怜悯和理解。

给朋友打电话

独自完成自我宽恕这项心灵治愈工作，可能会令人感觉不堪重负，有时候灰心丧气。不妨请一位亲朋好友分享他们对自己或其他人宽恕的经验。请他们也写一封给自己的宽恕信，在你们都完成之后，以互相打电话或线下聚会的形式，给彼此朗读写下的信件。要记住为同情心和同理心保留足够的空间。可能帮助开启自我宽恕对话的问题罗列如下：

你还没有原谅自己什么，为什么？

说出你想在治疗过程中放弃的一件事。

你需要宽恕谁，以便让自己从怨恨和痛苦中解脱出来？

你已经原谅了自己的什么问题？

在治愈和自我宽恕过程中，对你来说最困难的部分是什么？

为全新的开始腾出空间

创伤的治愈需要我们做出艰难的选择，重新开始。抛开我们自以为知道的东西，然后做出决定，以不同以往的方式做事，也是对我们的挑战，要求我们勇敢地站出来，完成必须完成的事情。只有当我们下定决心，完成未来发展所需的事情时，才有可能收获积极的结果。

在健康疗愈领域，人们常常讨论所谓的顿悟或奇迹时刻，但很少讨论我们需要采取哪些步骤，才能够获得想要的结果。我们不能坐而空等美好结果的降临，还需要采取具体的行动。心灵的治愈需要主观的努力，而我们不能心有所想却身无行动。我们必须全身心地投入才有可能改变自己。为什么？因为这就是整个自我治愈的方式，通过关注痛苦、疼痛、快乐、感激和人性的各个方面。

大多数人都知道，顿悟要求我们为自己想要在人生中实现的东西和成长创造空间，它并不会凭空降临，也没有什么神奇的魔法，我们必须在等待顿悟时刻的同时，积极地采取行动，为其做好准备。这看起来有可能像是我们先将自己想要的东西写下来，创建一个愿景板，或者录制语音备忘录，然后在必要时回听。确定自己想要什么，是至关重要的第一步。然而，将渴望的结果变为现实，也意味着我们要主动地创造足够的施展空间，这就要求我们学会放手，必须释放无益的情绪或想法，以便接纳全新的自我。

对创造个人成长所需的充分空间，以接受清晰的创伤治愈疗效和教训而言，学会放手至关重要。我们没办法绕开放手这一步，因为如果跳过了它，就会错过重要的信息，比如我们真正需要什么，或不需要什么，或者我们想要的是什么，不想要的又是什么。在追求梦想这条漫长的道路上，我们在旅程中与自己的联系只会越来越紧密。朝着心灵治愈、转型和情感的可持续发展迈出的每一步，都是我们自我成长过程中通往下一阶段的垫脚石。

几年前，我几乎被繁忙的工作吞噬。没错，我喜欢教人们如何通过写作来治愈心灵，珍惜促进冥想和呼吸练习的诸多做法。我为自己打造的职业，就是梦想成真的体现，直到一切变得不堪重负。2020年是我有史以来最忙碌的一年，忙到我无暇平衡生活和工作，不知道如何从情感层面处理这种超出我个人能力的业务增长。

在忙碌的工作中，我还要竭尽所能地勉励抚养孩子、扮演好一个充满爱心的妻子角色，并在平衡梦想中的工作和生活之外，维持珍贵的友谊。但我最终一败涂地，整个人都崩溃了，我的焦虑达到了顶峰，在抑郁症边缘徘徊，并时常感到迷茫。在这段时间，我反复经历的一个噩梦就是：在梦中，我被困在一个不知名的地方，感到无比的孤独和恐惧，我不知道自己到底哪里出了错。毕竟，我是心灵疗愈方面的专家，以此为生，并可以帮助别人实现心灵的治愈。我祈祷获得内心的平静，这样就能够清楚地看到并运用自身的天赋，做到以身作则，示范一个心灵治愈的正面案例。但这些都没有发生，因为我个人的心理健康状态已经失控。

我一直在请求、祈祷和希望事情朝着好的方向转变，但除了口头的努力之外，我没有采取任何实际的行动，我并没有努力去做任何事情，使自己的体验有所好转。我认为自己需要外界的帮助，于是给自己找了一个心理治疗师，并开始启动有助于心理康复的正念工具，但所有这些都感觉遥不可及，没有取得任何效果。事情开始变得更糟糕，以至于我在焦虑的时候，会不自觉地拉扯头发以缓解焦虑。我一直饱受所谓“脱发症”的困扰，但自我十几岁以来，还没有触发过如此严重的拉扯和掉发的行为。我当时的确处于一个全面崩溃的状态，要找到回归正常自我的道路看起来极其困难。

想办法回归正常的自我，是一件痛苦的事情。我不断地挣扎、抽泣，拼了命地想要寻找新的方法来摆脱悲伤和痛苦，因为我不敢想象又要从零开始治愈的艰辛。我当时找的心理治疗师好心地告诉我：“亚力克斯，你知道这是你需要付出的代价。你已经拥有了治愈心灵所需的所有工具，但有时候，从头开始的确是重新站起来的唯一方法。”在那次治疗之后，我简直哭到哭不出来。然后我做出了一个艰难的决定：重新开始。我不能够再单纯地指望事情自己变好了，我必须采取行动，使它们变好。

我开始写下我想要什么东西成为现实；我一直在逃避什么；以及我需要采取什么样的行动，以便开启全新的治愈之旅。落到纸面的东西，不仅揭开了生活的真相，也是事情开始变得有意义的起点。

我在清单上写下了下面的内容：

我想让自己的心灵得到放松，我一直在避免用药物缓解焦虑情绪，但我现在需要放下这种顾虑，问一问医生应该选择什么样的处方药。

我想对自己的生活状态更满意，但最近一直在回避感恩练习，我需要放下这种不专注于眼前和当下的状态，开始关注此时此刻的生活。

将这些东西落到纸面提醒了我，当我在自我疗愈的过程中，保持对自己的坦诚、开放和摒除羞耻的情绪面对自己的时候，我就能控制自己的生活。当你处于极度焦虑或情绪化的状态时，练习正念或许难度很大，我明白这一点，因为我也曾经历过，能够感同身受。重新引导我们的想法，必然是令人不适的，但这样做使我们可以为新的开始腾出足够的空间，这也正是我们学习如何成为自己最大的盟友的机会。

在自我创伤疗愈的过程中，我们必须真实地面对自己，继续努力去放下那些对我们不利的东西。如果我们想要对自己和对自己的人生感觉良好，就一定要舍弃一些负面的人、地方、事情或习惯。我们不能只是口头说一些改变或自我肯定的话，然后坐等其变成现实，还需要采取具有可操作性的行动来实现这些愿望。我们需要改变逃避的习惯、直面人生的残酷，以全新的方式重新站起来应对挑战，并竭尽全力地创造一个符合预期和理想的生活。

你想要什么和需要什么

在这个日记训练中，分别列出两张清单，其中一张清单是“我想要什么”，另一张清单是“我需要什么”。给自己定五分钟的时间，在“我想要什么”清单上填写内容，然后按照同样的步骤，填写“我需要什么”清单的内容。想一想哪一张清单对你来说更有挑战性，将它写下来，然后思考为什么。不要过于纠结你写在日记上的东西，只管把心中所思所想写下即可。不要心怀恐惧情绪或先入为主的评判。在写作时，以自己的需求为中心，让自己成为中心、变得重要是得到允许的，你的愿望和需求是重要的。只需要释放这种将所有期许和美好写下来的冲动，以诚实和真实的方式呈现。

通过释放负面情绪，收获积极的能量

在这个练习中，你将通过呼吸练习，释放所有不适合你，或对你不利的负面情绪。你可以一次性完成整个练习，也可以拆分成几次完成，找到适合自己的节奏即可。

在练习时，可以找一个让你感到平静放松的地方，摆出一个舒适的姿势。你可以选择在家里、公园里、床上或草地上完成练习。坐定之后，拿出手机，打开语音备忘录应用程序，将音频的标题命名为“释放与接纳”，然后用心地吸气和呼气，进行腹式呼吸。

请进行三次呼吸练习。第一遍时，按照吸气和呼气的提示，给自己读下面这段话；第二遍时，按下录音程序的录制键，只录下自己的呼吸，不要暂停录音；第三遍时，再次大声诵读下面这段话，并按照呼吸的提示进行深呼吸训练。保持整个过程缓慢而循序渐进，你需要感到脚踏实地、集中精力，并且提醒自己，为了实现个人成长，你需要通过释放和放手预留出足够的成长空间。

呼吸训练如下：

（用鼻子吸气）

在这一刻，我正在释放不确定性，接受心灵的平静。

（用鼻子呼气）

（用嘴吸气）

在这一刻，我正在释放回避，接受清晰的认知。

（用嘴呼气）

（用鼻子吸气）

在这一刻，我释放了急躁，接受平静的存在。

（用鼻子呼气）

重复三次，缓慢而稳定地进行呼吸训练。

自我治愈——体现在每一次的深呼吸中

格伦农·多伊（Glennon Doyle）

作者：你是谁，你是做什么的？

格伦农：这本应是一个很容易回答的问题，但每当我想到这个问题时，却难以给出一个明确的答案。如果是10年前，我会说，“我是格伦农·多伊。一个作家、母亲、女人、妻子”。在过去10年中，我发现在后面添加新的身份定义变得很困难，我已经失去了我曾经极力坚持的很多身份，我不再认为自己是一个基督教徒了，我也发现自己不再认同任何形式的性别划分，我现在阅读《桀骜不驯》时会感觉，“哇，这也太有趣了”。我在这本书中可能写了“女性”这个词不下400次。但多年之后，我甚至不知道自己当时想要表达什么。说到我自己的性取向，我也从不认为自己是女同性恋或认同同性恋的人，我嫁给了一个男人，并且一生都和男人在一起。但在我40岁的时候，我爱上了艾比（女性）。即使我自我定义为一个作家，但是我已经有三年时间没有正经地写过任何东西了。因此，在我思考这个问题的答案时，我只能够肯定地说，我是格伦农。并且每天醒来时，我都会尽可能努力地去给予和接受，并尽可能更多地带着爱、关怀和善良的意图去生活。

作者：为什么你最近没有写东西？

格伦农：我觉得，身为作家的创造生活是周期性的，会有特定的输出时间，在这段时间里，我埋下创意的种子，写出东西然后分享给全世界。然后就进入蛰伏期，这段时间与创作期截然不同，我没有更多的东西可以给予或分享，在这段休整期，我和姐姐以及伴侣开始了播客内容的创作。然后我发现，相较于严肃的文字创作，播客创作没有那么寂寞。在蛰伏期，我的心理和精神上总是感到非常孤独，因为我觉得自己过气了。当我想起，我们一直被教导的关于内心的平静、快乐和抗焦虑，都要求我们活在当下时，我意识到自己在写书的时候并没有活在当下。我将自己抽离了现实的生活。即使当我和家人在一起时，我觉得自己满脑子想的都是如何写好书中的一段话，我没有注意到身边的任何人，我的孩子将这种状态称为“妈妈潜伏在水底”，而当我听到“水底”这个词时，我会猛然地惊醒，忽然间发现自己虽然身体坐在家里，但精神早已神游天外。我没有关注任何人，因为我正在努力地构思要写出的下一段文字。

将这种状态与心灵疗愈性写作结合在一起，就要求我去探索一些不太健康的状态。当我反思自己分享的故事，以及我是如何参与和描述家庭生活时（尽管我为此感到自豪），我才意识到，自己一直做的就是将他们钉死在某个地方，就好像科学家把虫子钉死，以便仔细研究那样。随着我个人的变化和成长，这对我来说变得意义不大，在这次中断写作期间，我不再确定这种钉死的状态是否正确，想到孩子们存在于我的现实生活中，成了一个故事，感觉与我们的人生轨迹已经不一致了。《桀骜不驯》这本书的畅销，使我获得了前所未有的关注度，所以也许这是造成自我怀疑的原因。因为获得所有这些关注，仍然不是过上令人心满意足生活的正确答案。我现阶段的主要目标，就是找出对自己而言，什么样的生活可以称得上令人心满意足。

作者：在你的生活中，创伤的治愈是如何表现出来的？

格伦农：对我个人治愈过程影响最大的，或许是我的毒瘾。我曾经认为自己是一个无可救药的人，因为我10岁的时候就成了瘾君子。因此，我总是认为自己生来就是不完整、不完美的人。我曾以为治愈就是修复一个破碎的人的过程。在我的心中，我曾认为世界上存在完美无缺的人，而我自己恰好不是。治愈对我而言，更像是一个修复破碎人生的过程，我试图达到一种完整的状态，并相信其他人都是完整的人。但我现在不这么想了，我不相信人生而破碎，每个人都有自身的痛点，可能因为不同的事情而感到受伤，也许治愈并不是让一个人从破碎到完整，从恐惧到平静。意识到这一点后，我的情况发生了变化。最终帮助我实现了自愈的方式，是与诚实的人相处，他们会坦率地谈论生而为人的困难，但不是从一种自怜自艾的角度论述，而是从一种实事求是、充满生活激情但又坦然的角度论述。我是在一次康复会议上第一次看到了这种类型的坦诚。

作者：是否有什么具体的或特别的东西影响了你的治愈过程？

格伦农：我记得在高中的时候，很讨厌在食堂吃饭。对我来说，这就像《蝇王》[1]。我当时患有严重的暴食症，我走进辅导员的办公室试图寻求帮助，因为我不知道该如何活下去了。在这样做的过程中，我开始明白，可能有一些对其他人有用的环境，对我不起作用，而我不一定要留下来。这个世界的运作方式会压垮我们很多的精神。我们总是认为自己必须继续出现在某些环境中，必须继续回去埋葬自己然后继续战斗。但那一天，我知道我可以拒绝这样做。对我而言，自我疗愈的过程，是记住我有自主权和自由，可以走出那些侮辱我灵魂的地方。

作者：你用什么创造性的方式来实现治愈？

格伦农：瑜伽和冥想对我很有帮助。当我在焦虑中感到迷失时，气味对我非常重要——在这种情况下，蜡烛和精油对我的帮助比平时大得多。声音、音乐和触摸也有疗效，我对舒适感非常着迷，我甚至不能穿牛仔裤，因为它们让人感觉很压抑。

作者：情绪上的休息如何为你的心灵治愈提供能量？

[1] 《蝇王》，是英国作家、诺贝尔文学奖获得者威廉·戈尔丁的代表作品，是一本重要的哲理小说，借小孩的天真来探讨人性的恶这一严肃主题。——译者注

格伦农：遭遇心理健康危机的美妙之处在于，我真正了解到我的主要任务，是保持活在当下的状态，而不是彻底地丧失理智。为了做到这一点，我每天都要接受大量的护理和休息，以便我能够继续做这两件事。我花了很多时间来补充能量，当我致力于精神实践和休息时，我可以看到生活的质量。当我出现在人们面前时，他们可以看到我是多么的专注、踏实和活在当下。

作者：你是如何疗伤的？

格伦农：通过每一次的深呼吸。

认可并说出你的需求

在写日记的治愈实践中，会出现一些颇具挑战性的时刻，其中大多数与如何明确自己的愿望和需求相关。我们中的许多人，在成长的过程中从未接受过相关的教育，意识到要忠诚于自身的需求。相反地，人们经常教育我们，要做一个无私的人，要将其他人的需求放在个人需求之上，这样我们才能过上一个有意义的生活。虽然关心和爱护我们周围的人，对建立人际关系至关重要，但在社区关怀和自我关怀之间，我们必须保持一个平衡，为他人着想并不意味着放弃自己，因为自己的需求同样重要。

我终于意识到，多年以来，我的很多痛苦都来自自我放弃、模糊的边界和情感层面的自我忽视。说出自己真实的感受和需求，看起来仿佛是一件恐怖的事情，也令我感到陌生。在我的成长过程中，我了解到最严重的牺牲往往是为了别人将自己的身体搞垮，并将这错误地理解为爱。在过去，我总是觉得说出自己的需要是不礼貌、不受欢迎的，但实际上，每个人都要学会不再隐瞒自己的真实需求，重新学习如何关心和爱护自己，让自己知道自己很重要，与自己有关系的人也需要你，同样重要。

说出自身的需要，而且允许自己的需要得到满足，令我发现了自己与感恩之间的深刻联系。因此，在本节中，你将通过练习，找出自己渴望获得的东西。我知道这个过程可能会令你感到不适，但我想鼓励诸位，在通过心灵治愈完成个人的重塑，打造新的自我时，学会放松心态。

每个人的需求和想要的东西，会随着时间的推移而发生变化，因此每一次界限的变化，每一次需求的调整都应该是正常的，我们应该以平常心来对待。有的时候，你会很明确地知道自己想要什么和需要什么，但有些时候，你可能懵懵懂懂。在搞清楚这些需求，搞清楚自己所思所想的过程中，你需要学会保持耐心。没有什么事情能够一蹴而就，转变也不会一夜之间完成，大家都知道这一点。因此，当你试图通过写作的练习，通过文字的表述弄清楚自己内心的需求时，要保持一颗感激之心，对自己的努力表达感谢！

当然，这个写作练习并不是为了惩罚你自己，因为你在现实生活中的表现与你在日记中描述的并不一致，而是一个强调自我信任和自我肯定的培养过程，你和你生命中出现的所有其他人一样有价值。在描述个人的需求时，不要刻意地一笔带过，因为这是值得肯定和庆祝的东西。当然，通过写作剖析真实的自己也并不容易，然而你需要尽力而为，宽容地对待你觉得难以启齿或表述的任何需求或愿望。但同时要牢记，消极的自言自语只会阻碍真实声音即需求的表述。除了坦然地面对内心的需求之外，不要写下任何粉饰性的描述。在这个过程中的每一步保持坦诚，对最终结果至关重要。如实地将自己感到纠结、困惑或挣扎的每一件事都写到纸面上，如果你羞于直面自己的愿望和需求，就更应该通过写日记的方式厘清和正视它们的存在。

在你开启这段旅程时，请记住你可以大胆地说出自己的需求，而不用感到羞耻和内疚。需要某样东西或某个人，并不意味着你是一个贪得无厌之人。要放弃这种不正确的想法，你个人的需求应该得到支持和满足。每个人都只有一次生命，如果我们能够不断地关爱和满足自身的需求，就能够过上一个充实的人生。忽视或回避自身需求并不会拯救你，也不会让你对自己或自己的处境感觉更好。通过文字袒露内心的需要，是对自己的承诺，你将不再需要逃避，也不需要将其他人的需求强加在自己的生活中。

呼吸训练

保持坐姿，调整呼吸，开始时用鼻子吸气，张开嘴巴呼气。回想一下之前的写作练习带给自己的感受，在吸气时，感受说出内心愿望和需求带来的自由感，即使一开始很难做到这一点。呼气时，想象气流带走你内心任何自我忽视和认为自己不值得的想法。专注于这个呼吸的过程，放松下巴、肩膀，轻柔地呼吸，同时大声地说出或在脑海内说出下面这些话：

我可以要求我需要的东西。
我可以说出我想要的东西。
我值得让我的需要得到满足。
我愿意接受帮助。
我能够以完整的自我形象出现。
我对成长和愈合持开放态度。

通过艺术创作实现心灵治愈

摩根·哈勃·尼克拉斯（Morgan Harper Nichols）

我是一名患有自闭症的女性，从事写作和艺术创作，之所以做这两件事，是为了在生活中找到平静。直到我31岁，才最终确诊了自闭症，在此之前，我一直生活在恐惧、焦虑和与他人比较的负担之中。自闭症的确诊帮助我更好地了解了自己，并学会了治愈。

在我前半生的大部分时间里，我一直将自己和周围的人进行比较。不仅与别人创造艺术的方式，或他们如何对待自己的生活比较，还包括与他们如何在生活中找到平静，如何找到解决的办法比较。比如说，我很喜欢通过阅读书籍，了解其他人如何在生活中找到自我照顾的方法。有时候，我会读到一个关于某个人的治疗方法的故事，或是他们如何找回正常的自我的故事，并想象如果我也这么做，是否也能够产生效果。然而，自闭症的确诊最终让我明白了，为什么一些对其他人有用的方法，在我身上毫无作用，例如他人经常推荐的洗热水澡，这并不会令我平静下来。热水流过皮肤的感觉并不会安抚到我，而是令我感觉很奇怪。从小到大都是这样，我也不知道为什么。我以前不明白，经常会想，为什么我不会像其他人一样，享受洗热水澡的过程，因为它的确应该令人感觉更放松和舒适。我也会模仿其他人，点燃香熏蜡烛，完成整个放松的仪式，但还是会感觉奇怪，纠结于为什么自己并不喜欢这样的过程。在最终确诊自闭症的时候，我还发现自己存在感觉处理的问题。它会令我无法接受某些纹理或触觉，例如热水接触到我的皮肤，不仅不会令我感到放松，反而令我感到非常不安和紧张。

我在成长的过程中，处理了很多引发焦虑情绪的问题，比如我的原生家庭存在很多健康方面的并发症，我的很多直系亲属年纪轻轻就因为疾病而离世，这一直令我感觉生命充满了脆弱性，也令我不断地反思，为什么我还能够活着。比如，我是否有什么特别之处？这也令我想要活出一个精彩而有意义的人生，尤其是在生命可能突然终止的情况下。最近，我突然意识到，自己已经到了一定的年纪，与一个已故的家庭成员同龄了。我和他的关系非常亲近，在他离世之前，几乎每天都会见面。我有时候会坐下来想，“天呐，我已经到了他离世时的年龄，他们是在一个节日去世的，当时我们都在那里。他去世时，我只有11岁，但我意识到自己现在已经30出头了，正好是他们离世的年纪”。这个事实一直令我感到挣扎，我不知道如何表述这种感觉，只能说它是一种混杂了焦虑、压力、愤怒和悲痛的情绪，令人感到不堪重负。在他离世之后，还有几个家庭成员陆续离世。他们的离开，每一次都会令我陷入极度焦虑而又矛盾的状态：一方面，亲人的离去让我对生命充满了感激之情；而另一方面，它又会令我开始怀疑自己到底应该做什么。我想要立即获得答案，这对我来说的确是一个情绪跌宕起伏的过程。

此外，我的很多焦虑情绪源自对自己苛刻的要求我总是认为自己必须把生活搞得清清楚楚，总是做正确的选择和事情，绝对不能搞砸任何一件事。但这些美好的愿望反而带来更严重的焦虑。我会强迫自己完成“做一个好人”必做的事情，但却忘了照顾自己的需求，这进一步加重了焦虑感。有一段时间，我不断地将自己与他人进行比较，哪怕是在自己心情极度糟糕的时候，我脑子里蹦出的第一个想法是，我做错了什么？

确诊自闭症帮助我更好地理解了自身焦虑和恐惧情绪的来源。我发现自己大脑里的杏仁核比正常人更大，这意味着我感觉到的恐惧和焦虑情绪往往会加剧。得知自己不可控的情绪的根源是神经学层面的原因，极大地放松了我对自己的苛责。因为从儿童时期开始，我就已经感觉到严重的恐惧，虽然知道哪里出了错并不能解决或消除恐惧，但在了解到真实的原因之后，我的生活立刻发生了变化。我可以深吸一口气，为自己提供一些自我同情心。多年来，我把所有这些责任放在自己身上，以徒劳无功地管理我脑海中的恐惧，而现在我知道这不是我自己的原因，而是因为疾病。认清这一点，使我能够更清楚地看到事情的全貌。

有生以来第一次，我不再为自己的负面情绪感到羞耻或负罪感，而是决定服用药物。在确诊之前，我绝对不会这么想，因为我总是觉得自己要想办法去克服这些负面的情绪，而不应该借助外力。现在我知道到底发生了什么之后，在医生专业的指导下，我知道自己应该寻求专业的治疗和帮助，这也使我的生活发生了重大的变化。我现在对自己更加宽容，愿意去做那些对我来说有疗效的事情，即使我没有看到其他人做这些事情。

我正在学习去做对自己有用的事情，体验整个的感知过程以及自我的疗愈。对我来说，一件有用的事情，就是在洗澡之前吃药，这样我就不会在整个洗澡的过程中感到不安或不舒服。我必须洗澡清洁身体，所以这是我必须克服的过程，但现在我不会感觉那么大的压力，洗澡和放松仪式不再是我个人需要去解决的问题。我现在知道对我有用的方法是画画，从我还是个孩子开始就一直对我有效。

当我把艺术变成一个谋生的手段时，我在很长一段时间内坚定地相信，我需要找到一种新的东西作为寄托和治愈。因为我的艺术已经不再是我自己一个人享受，而是必须与其他人分享的东西了。我感觉自己已经不能再将艺术当成避难所，我必须去别的地方寻求更深层次的联系，一些与工作或金钱无关的东西。但现在我意识到，这已经没关系了。没错，艺术创作的确是我的工作，但同时它也在治愈我内心那个受伤的孩子。每当有不好的事情发生时，我在画布上涂涂抹抹的过程，既是治愈的过程，也是工作的过程。我内心的小孩，那个6岁的摩根，对此感到非常兴奋。因此，即使艺术创作已经成为工作，它依然是我生活的一部分，积极地响应创作之心的召唤，已经彻底地改变了我的生活。我喜欢创作那些对我个人而言意义重大，但同时能够与其他人建立起联系的艺术作品。

自从知道自闭症的确诊消息之后，我觉得对自己的了解更近了一步，并重新找回了一部分的自己，因为之前已经认为自己除了工作别无选择，但现在我意识到，艺术不仅是工作，还是治愈的方法，既给予了我深刻的治愈经历，又给予了我创造性的自由。每当我开始认为绘画不是终极的自我保健方法时，会提醒自己，这就是我需要的方法，所以我要坚持不懈地去做。为此我一直为自己感到骄傲，这段治愈之旅并不是一段完美的旅程，我依然会有对自己过于苛刻的时刻，但我肯定越来越了解自己喜欢什么、享受什么、需要什么，并且正在学习如何真正地去拥有这些东西。

伴随着治愈的过程，我也开始更清楚地知道自己需要什么，也获得了更多的休息。情绪层面的休养，对我而言也是至关重要的，我已经越来越适应在前方等待我的未知世界。我个人的福祉，对我的生存、艺术、母亲的身份，以及对艺术创作的坚持，变得越来越重要。因此我必须确保自己获得足够的休息和重新出发的勇气。在我个人的情感自愈之旅中，我已经逐渐地看到自己需要的空间，但这并不意味着逃避事情，而是意味着我已经认识到，我不可能一直满负荷地维持所有这些东西。在过去，我一直允许自己逃避，让自己把事情搁置一旁，等有能力的时候再回过头处理。

为此，我试图通过做一些事情，提醒自己我是一个正常人来实现治愈。从很多角度来看，我依然是那个只想在这个世界上寻求安全感，但往往感受不到任何安全感的小孩。在我生命的大部分时间里，我都没能找出真正的原因，反而是承受了很多莫名的压力，却不知道真正的根源是什么。

通过回顾那些令我感到安全、获得内心平静的事情，我实现了情感层面的治愈。当我还是个小孩子的时候，我已经因为情绪的压力而感到不堪重负，所以总是收回自己的能量以获得暂时的平静。

最终，我通过绘画实现治愈；

通过涂鸦实现治愈；

通过走到户外，脱掉鞋袜，赤脚踩在草地上，观察云的涌动，寻找云朵的形状来治愈；

通过抬头观察树木来治愈；

通过很多小方法和技巧来治愈。

回归那些以前被忽略的小事，给我带来了一种平静的感觉。作为成年人的我，它们也帮助了我的治愈。

通过治愈年幼的我，我实现了当下的治愈。

培养积极的自我对话

自我肯定在我的工作和生活中发挥了重要作用，我坚定地相信，我们要善待自己，尤其是处于生活的低谷期时，我们如何对待自己，如何与自己对话，比我们想象中的更重要。积极的自我对话，有助于改变我们的行为、培养自我同情心，以及让我们变得更善良、更有耐心、更不容易轻易地评判他人和自我。

在成长的过程中，我们习得了很多自我对话，有好的，也有坏的，甚至在我们能够做事、思考和感知自己之前，这些自我对话已经存在。有时候，我们最终在情感上背负的重任，甚至并不应该属于我们，或者不是事实，它们是其他人想法的映射和思维的产物。这些外部的投射，可能来自我们的监护人、教练、老师或是朋友。

回顾自己成长的过程，分析是谁教会你如何与自己对话，如何在这个世界上存在，就可能揭示出很多东西。当然，这些对话也可以促使你向前迈进，往更好的方向发展。能够表达出积极的自我肯定，并付诸行动，就是邀请你重拾自己的声音、真相和力量，而不是试图寻求他人的验证。这就是为何积极的自我对话，对情感方面的成长和心理健康至关重要。我鼓励诸位去观察自己内心深处的想法，并问问自己：我是谁？我想要什么？为什么我有存在的价值？

我喜欢教会人们通过自我肯定的话语，鼓励自己在生活中创造有益于身心健康的行动。但人们往往认为，如果他们写下或说出这些自我肯定的话语，就能够简单地得偿所愿，因为他们虔诚地祈祷或期待命运之神的眷顾。就我个人的经验而言，这是行不通的，将自我肯定的表述带入生活，需要的不仅仅是将它们写到日记本上，然后坐等好事发生。我当然也期待事情可以如此轻松地完成，但往往事与愿违。

尽管我是奇迹的忠实信徒，但我也是一个实干派，因为没有行动，只有愿望，一定会让你陷入困境。我最喜欢的玛雅·安吉洛的一句话是："不采取行动，你不可能获得任何成功。"因此，当我们启动灵魂治愈的工作时，我们不能只是希望、期许和充满信心，相信我们自我肯定的表述一定会成为现实。在等待奇迹降临的同时，我们还应该采取行动，努力将愿望变成现实。

在对自己做出肯定的表述之后，采取相应的行动，将改变你对个人能力的看法，以克服困难、持之以恒，实现成长，度过任何可能的困难时刻。以行动为后盾的自我肯定表述，可以使你的生活道路变得更顺畅。如何做到这一点？你需要通过肯定的自我表述，揭示你个人的"为什么疼痛？"以及"如何解决疼痛？"这两个问题。当你能够带着坦诚、没有偏见的眼光去描述自己时，自我肯定的表述就可以成为一种滋养自身的方式，让你内心的批判者安静下来，并学会停止消极的自我对话。这需要你对自己、对自己使用的词汇，以及你表示自己想要创造的情感健康的生活保持好奇心和探索欲望。这当然不是一个容易的过程，但作为一个心理治愈领域的导师，我已经习惯于面对生活中的诸多挑战。勇敢地面对生活中形形色色的挑战，是一个可以最终带来舒适感和感激之情的过程。

在这个过程中，重要的是注意到，每一天我们都可能是一个略有不同的自己，如果你自我肯定的话语每天都在转变和变化，也是一件好事。这说明你在不断地成长和发展，这不是一个一成不变的过程，但也不要苛求自己做到完美。在这个练习中，不完美和缺陷是受到欢迎的，你只需要找到转变的节奏，并接受自己处于一个不断进步的动态过程即可。

当你下定决心，开展写日记的练习时，你将在每一个可能的痛点上得到拓展和考验，一层一层地剥开你的防护罩，最终找出事实的真相。保持对自我的同情，将使你能够更深入地挖掘成为最好的自己所需的东西，以及你需要成长为什么样的人。请允许这个自我肯定表述的练习，安抚你内心那个需要安慰的孩子，因为自我肯定的表述将给予你新的空间，让你能够指导内心的小孩转变对自我的负面描述。尽管我们不可能真的穿越时光、回到过去，改变过去的自己，但通过邀请自己创造我们需要的安全空间，我们就可以着手开始治愈内心的一些情感创伤。

通过自我肯定表述探索内心真实的自我

自我探索对于揭示我们是谁，我们想要什么，以及我们需要如何成长至关重要。在这个练习中，你的自我肯定表述，将来自一系列特定的问题，我希望你能开诚布公地回答。在回答这些日记问题时，使用积极的“我有能力”的陈述句式，即使这意味着你需要重新定位自我。因为这个练习的目的，不是抨击自己，或专注于描述你的羞耻感，而是为了重建对自己的印象，建立积极的自我对话，即使是在不利或具有挑战性的经历中。下面这些激发灵感和思考的问题都落在了细节层面，它们挑战了一些最基本的问题，将帮助你确定：你是谁，你想要什么，以及你在治愈的过程中有什么目标。

今天的我是谁?

我是如何改变的?

我是如何体现自我价值的?

我是如何学习信任自己的?

请看我在下面给出的示例答案：

问：今天的我是谁?

答：我是一个正在治愈和学习如何成为最好的自己的人。

问：我是如何改变的？

答：我正在改变我在压力下对自己说话的方式。我正在练习更多的自我怜悯和耐心。

问：我是如何体现自我价值的？

答：我正在开始更多地确保言行一致，而不是在不确定的时刻沉迷于不安的状态。

问：我是如何学习信任自己的？

答：我正在学习信任自己，学会放开控制，探索呈现在我面前的不同道路。

日记中的问题也可以用列表形式回答。练习写下能够最好地描述你的治愈之路的单词和短语。在完成后，休息一下，等你准备好了，再回过头，以新的眼光审视这张清单。然后你可以尝试以更详细的方式，解读清单上的东西。

培养自我价值

在这个冥想练习中，我邀请你调整自己的呼吸，慢慢地阅读下面的文字。在读完每一句话后，暂停一下，深而慢地吸气，然后长而有意识地呼气，吸气时确保空气填满腹部，呼气时排空它。用心读完这个冥想练习，将给你时间和空间来吸收和感受你所读的内容。不要太担心自己需要相信今天发生的事情都是事实。相反，每个句子对你来说可能是一项正在进行的工作。在你治愈、转变和成长的过程中，要拥抱它们可能变成真实的可能性。

我相信，我是有价值的。我相信自我价值，不受消极的自我谈话和怀疑的影响。我正在发现更多的自信、勇敢和生命的意义。我忠实地存在，勇于照顾自己。我将倾向于相信这样的信念：我值得拥有良好、健康和完整的关系和人生经历。相信我是有价值的人，并不总是容易的。但是，我仍然致力于尽我所能，转变我对自己的看法。即使在生活不舒服和具有挑战性的时候，我发

誓也将在人生的进程中，紧紧抓住我的价值。我相信，自我价值使我能够过上充实的生活，获得健康、有爱的关系和充实的人生经历。

保持快乐

纳德拉 · 格洛弗 · 塔瓦布（Nedra Glover Tawwab）

作者：你是谁，你是做什么的？

纳德拉 · 塔瓦布：我觉得，对于不同的人，或者对于我自己而言，我有很多重身份。我很难想出一个很贴切的答案，因为我总是在不断地转变身份。我有时候担任心理治疗师的角色，但我也是一个母亲和一个合格的伴侣，我是其他人的朋友，还是母亲的女儿，也是亲属们的表妹和一个不错的园丁。我以不同的身份做着很多不同的事情，随着时间的推移，我依然在不断地发展和改变。

作者：创伤的疗愈是如何在你的生活中显现的，是否有一些具体的或特别的东西塑造了你的治愈过程？

纳德拉 · 塔瓦布：一路走来，有很多事情塑造了我，我认为很多人甚至不知道我们需要心灵的疗愈，直到被一些事情触发，这个触发器就是真正的疗伤之旅的开始。我成为母亲这件事就触发了一个新的空间，让我更深入地了解了自己与母亲的关系。在怀孕之前，我自认为已经完成了很多心理治愈的工作，但怀孕让我意识到，身为母亲要做出如此多的牺牲，要抛弃以前自己学到并相信的很多东西。这是一个非常有趣，并会让你学会感恩的过程。因为如果你学不会对自己感恩，就无法为人父母。怀孕和做母亲的经历让我感到豁然开朗，让我发现如何感恩自己的父母，这也是我刚刚开始给予自己的东西。我的情况跟父母的情况非常不同，我的母亲是一个单亲家长，而我不是。因此，我意识到，需要感谢自己的伴侣共同帮助抚养孩子，同时需要感谢我的母亲，她在没有伴侣的情况下，如何给我提供了不亚于健全家庭的关爱和养育。

作者：你生活中的哪些事件塑造并影响了你，推动你积极去完成心灵和创伤的治愈？

纳德拉·塔瓦布：作为一名心理治疗师，我觉得我一直在治疗，因为总是有一些我需要关注和处理的事情，在我猝不及防的时候显现。这就好像突然有一天，你发现了一个新的东西需要你去注意和处理。我有很多必须做的事情，但还没来得及着手。我想表达的是，没错，每个人都有一些伟大的事情要去处理，但在我看来，生活中无数看似微不足道的事情也同样重要。随着人生的不断发展，它们也不断地在生活中涌现，就好像如果没有遭遇悲痛的时刻，你可能不知道自己在处理或表达悲痛情绪方面存在问题。很多时候，我们不知道自己在很多事情上存在问题，直到我们真正经历了那些困难的处境，面对它们的触发器，就好像你突然之间顿悟："啊，哦，原来这样的事情会影响到我。"

与不同的人交谈，了解他们是如何走过人生的不同领域，令我意识到原来每个人之间都存在共同的人性和联系。我们有时候会觉得自己经历的很多事情与周围人的不同，尽管事情可能以不同的形式发生，但悲伤就是悲伤、伤害就是伤害、创伤就是创伤，它可能是事故造成的肢体创伤，也可能是因为父亲离世造成的心理创伤，但归根结底它们都是创伤。当我听到人们谈论不同的问题时，会发现我们谈论的很多东西都是相通的，这是因为悲伤、伤害和悲痛导致的核心感受是同样的存在，这也进一步帮助我意识到，人类是多么复杂的存在，以及人与人之间的联系本质上十分紧密。每个人都是有弹性的，都在不断地成长，而我们都会经历一些带来成长、需要倾诉的事情，因此创伤治愈的过程也是一个不断见证他人人生的过程。

我认为在我个人的治愈过程中，影响力最大的事情，就是看到成年人谈论自己的童年。听到人们谈论自己不怎么幸福的童年，会令我很骄傲，因为我成了孩子们需要的那种父母。听到这些已经成年但内心依然有着不幸福小孩的成年人谈论起成长的经历，不禁令我想到，我的内心也住了一个小孩，为此我感到很感激，因为我不断地从其他成年人那里收获一些信息，这些信息帮助我反思自身的问题，所以自己能够从心理治疗师的角度为他们提供一些不同的东西，也令我感到十分欣慰。

作者：你用什么创造性的方式来实现疗愈的目标？

纳德拉·塔瓦布：大概是园艺吧。多年的园艺经验教会了我许多关于放手的道理，即万事万物都有自己的季节，万事万物都有自己的周期。你不能随心所欲地在任何时候，想种什么就种什么。你需要等到土地肥沃的时候，需要等到种植的季节，你不能在10℃的天气里种西红柿，这根本就行不通。当然，我不能因为别人能种西红柿而自己不能就感到不安，我的意思是，我当然可以种西红柿，但我做出了不种的选择。园艺的经验提醒我们，现在可能不是我们进行种植的时间或季节，但恰当的时机总会到来，我们只需要耐心地等待。从园艺的角度看问题，也能够看出为人处世的很多道理，以及保持耐心的重要性。因为当我们想要的东西还没有到时间或季节时，我们就必须学会等待。当涉及接纳、治愈和对我们所拥有的东西进行创新时，园艺是一个伟大的老师。它教我们如何保存事物的美好，如何保存我们生活中的快乐。

作者：情感上的休息，是如何为你的治愈之旅提供能量的？

纳德拉·塔瓦布：对我来说，这可以追溯到我怀孕的时候。在生孩子之前，我一直处于不太健康的人际关系中，有了孩子之后，我才知道自己散发着很多负面的能量。孩子的到来让我意识到，再散播这样的能量可能是不合适的，为此我放弃了很多消耗能量的不重要的事情，因为我需要将这些宝贵的能量留给我的家人。回想起来，情绪层面的休息的确很有帮助，因为我意识到自己可以做任何想做的事情，但不可能去做自己想做的一切，我很清楚自己要有所取舍，并且不可能鱼与熊掌兼得。我想要确保更用心地经营健康的人际关系，而不仅仅是拥有这些关系。你当然可以成为一个人际关系的收集者，有无数的事情需要去操心，但你也可以选择少而精的人际关系结构。大概在八年前，我的人际关系转变为了数量更少但质量更高的关系，而不是多而泛的存在。情绪上的休息和人际关系的边界感，给了我足够的空间，让我知道自己想要什么、需要什么。

作者：那么，你是如何治愈创伤的？

纳德拉·塔瓦布：我通过写作、与人交往来疗伤，通过专注于我与自己的关系和帮助其他人治愈，来实现自我的治愈。

第二部分

学会与恐惧为友

当我们开始更深入地、一层一层地剖析自我的内心，以获得更深刻的心灵治愈时，我们需要重构自己关于恐惧的看法，并彻底解决引发疼痛的根源。将所有的痛苦都写到纸面上，在感到焦虑和压力的时刻，找到自我安慰的方法，将提醒我们放慢脚步，勇敢且坦诚地面对身心的伤痛。通常，我们会因为感到痛苦而无法做到自我同情。如果我们不断地纠结于自己做了什么，或没有做什么，并因此而受到束缚，那么就无法痊愈。治愈要求我们接受和宽恕那些我们主观无法控制或改变的事情。我们如何通过治愈向前迈进和成长？这就要求我们正视自身的恐惧、伤害和创伤，并在面对它们时不狡辩，也不妄下定论。如果我们在过去做错了事情或行为出格，那么可以选择承担起责任，而不是逃避惩罚或憎恨自己。

但如果我们什么都没做错，却依然成为虐待、忽视和伤害的受害者，又该怎么办呢？显而易见的是，自我惩罚对我们没有任何好处，因为心灵的疗愈要求我们为理解、仁慈和同情留出空间。不管你属于哪种情况，都需要直面那些让你崩溃的事情，我们不能忽视创伤和痛苦。要开启创伤治愈的旅程，我们必须承诺，坚定地通过爱和正视自我价值的角度来看待自己，但要做到这一点，改变人生的轨迹，我们首先要做好身心的准备。这是一个不可操之过急的过程，如果我们试图加速治愈的过程，就会错过一些重要的事情，并有可能忘记我们自己的需求和事实的真相。

在我10岁的时候，我的生父有一次带着我在美国495号州际公路上飙车，他不仅超速驾驶，还用膝盖开车，这彻底把我吓坏了。生父在我的生活中，是一个时有时无的存在，但每一次他的出现，都会把事情搞得一团糟。“爸爸，请停下来。”我惊恐地喊道。但他不仅没有减速，反而继续加速，并开始大笑。我的恐惧和安全对他而言毫无意义。“爸爸，求你了，我很害怕。”我喊道。但他反而调大车载音乐的音量，继续加速，甚至还放开了方向盘，用膝盖来控制方向。“求你停车。”我尖叫着喊道，把头埋进两腿之间，祈祷他不要撞上环城公路。我可以清晰地感觉到眼泪盈满了眼眶，我不知道发生了什么，也不知道为什么这一切会发生。最终，他开始意识到我并没有享受这个过程，然后我感觉到车速在减慢。

“我不会撞车的！我知道怎么开车！”生父嘲笑地说道，“怎么，你不相信我？”

“你应该用手开车，而不是膝盖。”我回答说，眼睛一直盯着前方的道路，没有看他。

接下来的整个过程，我们没有再说一句话。但从此之后，我就很害怕坐着别人的车子出行。我现在已经30多岁了，但这段幼年时期的经历给我带来的创伤依然存在。除了我的丈夫之外，我很少让亲人们开车带我出门。即便偶尔坐别人的车，我在整个旅程中都是提心吊胆的。回顾那段经历，我依然会感到胃痛，依然会泪流满面。我记得自己当时紧张到感觉心脏仿佛要跳出胸腔；我记得自己发誓再也不想见到他；我记得自己感觉他就是一个疯狂的危险分子，根本不关心我的死活；我还记得自己对母亲让他把我带去过周末的做法非常愤怒；我记得自己害怕得要死。

在这件事发生后的几个星期里，我脑海中的思绪异常繁杂，但我没有告诉母亲，因为父亲要求我保密。作为一个年幼的孩子，我成为生父无数秘密和谎言的看守者，恐惧已经深入我的骨髓，从多次危及我生命的行为，到我探访生父时不得不应对的众多女人。作为一个成年人，反思我跟生父在一起时经历的众多创伤中的一段经历，我可以清楚地看到，我对事物以及对生活的恐惧是如何产生的。

带着这些深埋于心底的恐惧，我又艰难地走过了22年，我没有告诉任何人，甚至我的丈夫也不知道。他有时候会不理解，为什么我在车里会感到如此紧张和恐惧，不理解那些我从未说出口的恐惧感或不安全感。直到多年之后，写下这段痛苦的经历，我才能够开始审视和着手处理它给我带来的深刻痛苦。当我与丈夫分享这个秘密时，他对我表达了同情与关爱，并承诺在开车时会牢记这一点。我的丈夫是一个伟大的司机和保护者，他能够敞开心扉，倾听我的痛苦，并向我保证，他将始终保证我和孩子们的安全。他给了我一种安全感和保证，这是10岁的那天晚上，坐着生父的车子，沿着环城公路朝他在马里兰州银泉市的家飞驰时，没有获得的感觉。

我与生父的关系，在很多年里都处于一种令人困惑和复杂的情况。到了17岁时，我彻底切断了与生父的所有交流，无论是情感上的还是现实生活中的互动，以确保自己不再受到他冥顽不化的危险和创伤行为的影响。17岁之后，我再也没有见过他。当时的我并不知道，但那一次的分离行为，是我人生中第一次选择听从自己内心的声音和意愿。这也是我人生第一次抛开了对拒绝、心碎和羞耻的恐惧，决定做对自己有利的事情。因为充满了对父母的孺慕之情，我花了很多年时间才处理好父母给我带来的创伤。写作帮助我处理并区分了我个人的痛苦和父母带来的痛苦。在写作时，我可以放松地宣泄自己的伤心、愤怒和不安，并如实地描述每一次被父母辜负时产生的挫败感。但写作也教会我如何在疗伤的过程中找到快乐，在改变中找到轻松，在放下那些原本不属于我的东西时获得宽恕。

在此之前，我从未告诉任何人关于那晚我在生父车里遭遇的事情，因为我不想让他陷入麻烦，我不想伤害他，因为这件事伤害我一个人就已经足够了。生父还教导我要默默咽下的另一个谎言是：我并不重要。这个谎言让我对自己的存在感到恐惧。我在很小的时候，就学会了察言观色、闭嘴和安静地坐下来，我学会了如何用沉默来保护自己不受周围成年人的伤害，我会蜷缩在座位上，降低自己的存在感。这就导致忽略自己的感觉成为我的第二天性，因为我觉得自己并不存在于这个世界上，我的存在也不重要。但是通过写作在纸面上倾诉这个秘密，倾诉自己的恐惧，是我迈出的第一步。我记得自己不必再感觉害怕，我不再是那个把头埋进双腿之间，乞求他人给予安全感的小女孩了。通过放下这种恐惧、直面它、谈论它，并选择与之为友，张开双臂欢迎那些令我感到恐惧的东西进入我的空间，我夺回了对自己的控制权。就在那一刻，我感到了足够的自由，并可以对自己说：

亲爱的自己，
你现在是安全的，没有什么可害怕的了。
我会成为你坚强的后盾。

如何通过写作明确内心的恐惧

无论我们多么努力，都不可能忽视自身的痛苦。当我们尝试治愈伤痛时，我们必须勇敢地直面它，告诉它“再靠近一点，让我看清楚”，因为确定是什么令我们感到疼痛和崩溃，只是万里长征的第一步，你需要下定决心将它们写下来，一次解决一个问题，将它们写到日记本上。这就是我们不仅学会审视自身，而且学会自爱的方法。通过写作治愈的方法，鼓励我们从当前的情况入手，在这个练习中，做不到完美无缺，有时候不知道该往哪里走，反而是我们在这个过程中学会与自己的处境坦然相处。直面内心的恐惧并与之为友，可能意味着我们需要不断地试错。要求你去直面那些你一直隐藏的真相，只是为了确保正常的生活、获得安全感，可能是一个令人不适的过程。你可能没办法每一次都做对，也不会总是想要去做这件事。这也无妨，偶尔感到迷茫，或许也是这个过程的一部分。在你突破到新的治愈水平时，休息一下也是恢复身心的必要条件。当你通过写作描述伤痛的经历时，要记住，急于求成并不会让你得到想要的答案。要获得正确的解答，你要学会放慢速度，保持节奏，用心地去写作。

为了更深入地推动整个治愈过程，在本节中，你将需要回答一些你可能不愿面对的问题。我知道，对问题避而不谈当然更容易，但如果我们拒绝审视那些导致我们远离真实自我的东西，我们什么时候才能够真正开始治愈，并通过创伤的治愈获得解脱？与自己的恐惧为友，是你展示真正的转变的方式。

通过写作来剖析内心的恐惧，是一个需要不断试错的过程。直到某一天，你真正地沉浸到了写作练习之中，并感觉自己正在挖掘造成自身痛苦的根源。答案仿佛就在眼前，让你觉得自己越来越接近获得解决的方法，但随后你可能又发现自己陷入了低潮，或开始质疑自己为什么要试图弄清楚这一切。不管是好是坏，每一种感觉、情绪和想法都是值得拥抱的，你可以将它们视为你的守护天使，邀请你去更深入地剖析和挖掘自身。在这个过程中，你要对自己好一点，温柔一点。心灵治愈的过程，不应该仅仅是看起来很美或很完美，它应该是诚实的、原始的、混乱的和真实的过程。要记住，当你欢迎恐惧进入你的空间、当你试图成为恐惧情绪的朋友、当你选择了屈服时，你就会知道自己即将获得自由和解脱。知道自己可以后退一步，相信自己可以一步一步地找到正确的答案，以这种方式与内心的恐惧打交道，将为自我同情和同理心提供发挥作用的空间。

你在恐惧什么

在你的日记中回答下列问题。如果你想更深入地了解情况，可以按照下面的说明，以组队合作的形式进行练习。

这些天来，什么事对你来说是最重要的？

你为什么对这种特殊的痛苦耿耿于怀？

它是如何阻碍你的治疗的？

这种恐惧情绪中，有什么反复出现的东西？

你的伤痛对你的心灵愈合有什么启示？

组队练习：保持彼此的空间，仔细地倾听。在其他人回答完问题之后，将轮到你回答同样的问题。把这看作是信任、互助和诚实的练习。当我们腾出空间来倾听时，我们就创造了一个安全的环境，可以彼此公开分享内心的情绪。这个练习本身可能令人感觉恐惧或不堪重负，但当脆弱在同情心、同理心和关怀的存在下出现时，就会变得更容易看清让我们害怕的东西，并靠得更近，看看它想教会我们什么经验教训。

关于恐惧

安静下来，想一想恐惧在创伤疗愈方面教会了你什么，它是把你吓跑了还是欢迎你进来？当你反思时，提醒自己要有意识地保持一个安全的空间，为任何可能出现的情况做好准备。在这个过程中，你会很容易陷入自我批判或批评的旋涡，这对你的练习没有好处，也不会降低你对正在试图处理的恐惧情绪的害怕程度。记住，你不必今天就把一切都搞清楚。要知道，与我们的恐惧交朋友的做法，需要时间和努力。慢慢来，抵制急于求成的冲动，不要急于通过可能令人恐惧的过程。

正面迎战需要治愈的创伤

有时，我们必须完成的创伤治愈工作，感觉比最初伤害我们的事情更痛苦。我知道这可能会让人感到气馁，但这里的建议是，你应该欢迎每一种情绪，这样你就会给自己一个蓬勃发展的空间。改变、愈合和成长，有时候会拓展我们在情感上（有时候是身体上）的边界。虽然转身离开，不费力气修补身上的伤痕和破损部分，可能感觉更容易，但从长远来看，这样做有什么好处？沉浸在痛苦之中，只会夺走生活的快乐，让我们感到无能为力和无望。通过下定决心、迎难而上，在生活中创造一种舒适轻松的感觉，我们就有希望实现心灵治愈的目标。

选择正面解决心灵愈合的问题，是一种自我滋养的行为；这也是一个邀请，让我们选择自己，哪怕我们需要经历的事情令人痛不欲生。对心灵治愈的可能性保持开放的态度，就是为了在我们最黑暗的日子里迎接光明。在我个人疗伤的过程中，不断地为我提供支持的东西，就是将经历的痛苦视为伙伴，而不是敌人。这种思维的重构，花了我很多年的时间来培养，但它让我看到了接受现在和过去的双重性，以及我能够或者不能够改变的东西是什么。痛苦可以是一条通往自我成长的道路。当我对这个想法保持开放的心态时，我就能够调整自身的步伐，并准确地评估自身的痛苦，原原本本地陈述它，不加评判、不加修饰、不使用粉饰太平的话语。创伤治愈的过程并不会一帆风顺，允许这个过程的起伏和波折，是我们开始取得情感层面进步的体现。试图成为一个逃避未来所有挣扎的完美治愈者，对你没有任何好处。重要的是，我们需要学会从客观的角度，看待整个心灵治愈的过程。我当然知道这说起来容易做起来难，但是，当我们能够不带偏见地探索这个做法时，就能够更加接近这样一个事实：我们可能需要从一件事情中，不止一次地治愈自己。

几年前，我在处理童年的创伤时陷入了严重的困境，我当时刚刚开始接受心理干预治疗，而谈论我压抑在内心多年的事情，使我陷入了极度负面的情绪旋涡。我当时确定地相信自己已经完成了围绕童年创伤的治愈工作，而再次面对这些痛苦，似乎破坏性大于其帮助性。当时我的感觉是，我已经做得足够多了，我不想再回到那个黑暗的地方，再次深挖自己的负面情绪。而就在那个时刻，我意识到创伤治愈对我来说，可能会是一个永远持续的过程。重新开始，有时候从头开始，将是整个旅程的一部分。每一次触发伤痛的事件发生时，学习如何直面自身的治愈，都会向我展示关于我自己、我的生活和我的治疗之旅的一些新东西。当然，我并没有觉得这很有趣，而这样的大实话的确也很难让人接受。“为什么我必须一次又一次地治疗同样的伤痛？”我忍不住问自己的心理治疗师。尽管后来我自己找到了答案，但不管她当时给出什么答案，这件事似乎都说不通。

围绕心灵治愈带来的自我认知之旅，完全因人而异，我们有时候不得不因为同一种伤痛而反复地治疗，这是因为生活就是学习、接受和熟悉我们无法改变的事情的过程，即使是那些令我们感到深刻痛苦的事情。尽管我希望事情可以简单地解决，但事实就是这么残酷。有的时候，我会因此而感到愤怒、灰心丧气，不确定自己已经做到了什么程度。但正是在这样的时刻，我发现我与真实的自己和身上的痛苦有了更深刻的联系，意识到我正在努力地成为人生的好学生。我正努力在艰难和沉重的事情中找到一丝轻松。就在那一刻，我选择开始给自己想要体验的快乐写一封信。

为心灵治愈留出空间

梅根·拉皮诺（Megan Rapinoe）

我是一个非常有激情的人，我在一个大家庭中长大，所以我喜欢周围有很多人。我的家人是那种会帮助任何人的人，如果你需要，他们会直接脱下身上的衣服给你穿，我也试图成为这样的人。我喜欢有幽默感的人。我确信，自嘲和幽默是我应对某些事情的方式，但笑声是我生活的重要组成部分，也是我与人沟通的方式。我尽力遵循这样的生活原则：每个人只有一次生命，我们应该珍惜活着的每一天。

可以说，我大部分的童年成长过程都是一帆风顺的，但是让我回忆自己与治愈相关的经历，往往与我哥哥的毒瘾有关。唯一给我的整个童年蒙上阴影的事情，就是他一直以来与毒瘾的斗争。他从15岁开始就是一个瘾君子，因为这个原因，他一生中大部分时间都在进出各种拘留所和监狱。我还记得自己在10岁的时候，试图了解到底发生了什么，我搞清楚了一些正在发生的事情，但也有很多未知的事情。家庭里有成员沾上了任何类型上瘾问题的人都知道，上瘾会带来很多不好的事情，很多的伤害、痛苦和困惑。

多年来，能够帮助我治愈关于他的毒瘾导致的痛苦的是，我的家人在这方面一直保持了开放和诚实的态度。他们从不对我和妹妹隐瞒事实，哥哥的毒瘾也从来没有让我们感到羞愧或尴尬，我们都在尽最大的努力处理和解决发生的事情。

我的父母鼓励我们坦诚地表达自己的情绪和想法，并找到了可以为我们提供支持的人。他们从不假装哥哥的毒瘾不存在，即使在他们对哥哥束手无策时也是如此。父母的能力和决定是透明的和不完美的，仅仅是这一点，就彻底地改变了整个事件对其他家庭成员的影响，它至少冲淡了很多人在面对成瘾问题时，最终背负的羞耻、秘密和耻辱感。

但这并不总是容易的，有的时候，我依然会面对一些困难的事情，不得不自己想办法解决。在我自己的闲暇时间里去处理相关的情绪，让我了解到更多关于成瘾和刑事司法系统的知识。这个过程还教会我如何更具同情心，让我从童年时伤害到我的一些事情中治愈。我一直很困惑，为什么这些令人痛苦和受伤的事情会发生，也曾经质疑他为什么要这样伤害我们。但在我终于学会接纳、理解和同情之后，我就很容易理解了许多事情，而谈论我们面临的一切问题，为这些问题的讨论和解决留下空间，也就是为治愈留下了空间。

没有选择抗拒自身的痛苦和悲伤情绪，允许自己去体会所有不同的感受，也帮助我理解了，成瘾不仅仅是一件稀松平常的事情。随着年龄渐长，我开始认识到，我哥哥并不是一觉醒来就决定要成为一个瘾君子，他也并不想成为一个给我带来伤害、给家人带来伤害的人。成瘾是一种疾病，意识到这一点之后，我就留出了足够的空间，可以直面自己需要解决和治愈的问题。这种领悟要求我从哥哥的角度，来思考他的成瘾问题。不仅如此，我还能够思考这个问题如何影响了整个家庭，以及我们如何为他提供支持，但同时保持同情心和必要的边界。

在接受事情的真相和发挥作用的方式时，我体验和经历了一系列不同的情绪。在这个过程中，我学习到的关键教训是，认识到我不能够改变任何人，也不能强迫他人去做他们不愿意做的事情。经历了这种非常真实和复杂的情感体验之后，我看到了自己和全家人实现治愈的可能性。我们没有逃避问题或感到羞愧，我们积极地、齐心协力地尽自己最大的努力来治愈，并尽可能地去理解我们所爱的人经历的内心挣扎和纠结。

我很感激哥哥的毒瘾并没有被家人隐藏起来，它是一个公开的事实，我们全家人携手努力去处理它。即使在年幼的时候，我也不认为将此作为一个秘密，对我们任何一个人来说有任何好处。因为秘密和羞耻感将使人止步不前，它们将阻止你从不同的角度看问题。

作为一名职业运动员，多年的从业经验让我在如何平衡情绪和身体健康方面积累了很丰富的经验。当我后退一步，审视个人的职业生涯和私人生活时，我意识到从不同角度看问题的重要性。在处理哥哥的毒瘾问题多年之后，我已经能够很熟练地从各个角度看待生活中的不同事情。在2020年新冠疫情暴发之后，我获得了更深刻的体会，即有时候我们需要的是——做得更少，但要少而精。与此同时，不要挑战自己的极限，不要把自己搞得太累。尽管有时候很难做到放手不管，但不做任何事情的感觉反而最好。

我有时候学会了享受一整天什么也不干的状态，我认为，这对我来说，也是一种情绪修复、创伤治愈的方法，即无所事事，让自己在家里漫无目的地待着，翻开一本好书，让我学会了放慢生活的节奏和步调。我开始有意识地放松身心，什么都不做，把更多的时间留给自己，反而让我意识到，这恰恰是我需要的状态。能够安静地与自己的思想独处，正好是我需要的休息。当然，我喜欢跟人打交道，也非常擅长社交，同时也热爱自己的工作，所以有时候按下暂停键并不是第一选择。但我也明白，从长远来看，适当的休息是必要的，也是有益的。

时刻提醒自己，过度劳累并不是生活的意义所在，使我能够活在当下，而反思心灵治愈在我的生活中扮演的角色，使我感觉到，与未婚妻待在家里，抽时间专注于自身，与亲朋好友见面，通过人际关系来让自己恢复能量，是我治愈情感创伤的方式。有意义的人际关系和联系，使我看到了真实的自己，也让我重新获得了生命。无论我经历了什么或度过了什么，无论是哥哥的毒瘾，还是试图找到自己生命中生活和工作之间的平衡，我都会时刻提醒自己，身边每时每刻都在发生无数的事情，我并不是宇宙的中心。这个认知让我找到了脚踏实地的感觉，并对人生充满了信心和期望。

自爱，每天多一点

自爱不是一种风潮或噱头，也不是源自自尊的东西。仔细观察身边的案例和接收到的信息，你会发现，自爱也并不是一个唾手可得的东西。在我初次踏上自爱之旅时，我仍记得人们以一种异想天开的方式谈论它，因为我看到的自爱的形象，都给人一种遥不可及的感觉，导致我认为我永远也不可能做到自爱。但这个观点，随着时间的推移发生了变化，我开始将自我呵护视为一种实践和技巧。有时候，这种实践会混乱而复杂，但有的时候也可以容易和轻松。我坚信，爱自己的行为是神圣的，需要我们日常坚持。为此，我鼓励诸位改变对自爱的看法，要倾向于相信它能够滋养你的人生，它是我们生活中的一种力量，一条生命线。毕竟，每个人都是独自走向人生的终点，因此创造一个充满自我关爱的内心世界非常重要。在你阅读本书时，我希望你能够时刻牢记下面这两句话：

我值得拥有自己的爱。

自爱是一个值得坚持不动摇的倾向。

如果你带着自己本应该知道或了解得更多的想法，开启治愈之旅，就应该立刻将这种不正确的想法抛之脑后，因为每个人都是生活的学生，在很多情况下，我们并不知道更好的方法是什么，或正确的做法是什么。这就是人生，为此我们要保持耐心，宽恕自己偶尔的无知或过错。痛恨自己没有学会自爱，并不会让你达成最终的目标。就像任何其他事情一样，这个学会自爱的治愈之旅，注定要经历跌宕起伏，但自爱是一种恢复性的方法，并且必须起到这样的作用。通过自爱，围绕如何与自己建立安全和充满支持的关系的意义，重构自己的想法，的确是一个令人顿悟的时刻。秉持着耐心和欢迎的态度，我发现随着时间的推移，我对自己的关爱日渐深厚，而这也强化了我个人的创伤治愈效果。

在学会自爱的过程中，各方面的疗愈都要结合起来，你将学会没有任何心理负担地为自己着想。当然，在这个过程中，你也会经历力有未逮的时刻。但要记住，我们追求的并非完美，缺陷或不足让我们看到真实的自己，以及哪里还有空间继续提升，以获得更加清晰的自我认知和自我意识。很多人往往错误地根据过去的经历或历史，来评判当下的自我，但无论你的过去对你来说是有好处的，还是导致了你的困难和挣扎，它都无法决定你现在的价值。无论你过去经历了什么，你都值得拥有美好的人生和自爱的能力。不要一味地将自己束缚在无法改变的过去或事情上。那么，我们如何在顺境或逆境的情况下都保持自爱呢？只需要认识到，无论是好事还是坏事，都值得我们全神贯注地去处理。

在我第一次接受心理治疗时，我意识到，自爱对我来说是一个很陌生的词汇。我的心理治疗师问我："你最爱自己身上的哪一方面？"然后塞给我一张纸，给我10分钟，让我列出一个清单。我不知所措，手心都开始冒汗，喉咙发干，因为这已经彻底地超出了我的舒适区，我不知道要如何回答这个问题。更令我感到痛苦的是，我甚至想不起自己曾经真正被人爱过的任何记忆。在我的成长过程中，我的母亲对我并不温柔，也不提供任何支持，因为巨大的生活压力，她给予我的感受和情绪更多的是愤怒。而我的生父，在我的生命中也不是一个稳定的存在，经常消失得无影无踪，并且每一次的现身，都只会给我带来极大的伤害。在我23岁之前的大部分人生里，我一直徒劳地试图从其他人身上寻找关爱，因为我觉得那些最应该爱我的人并没有展示出一丝一毫的爱意。而通过这个简单的问题，我的心理治疗师揭开了深埋于我心底的一些痛苦。

没有任何例子供我参考，我眼前的白纸看起来越来越空白，我的眼睛开始发热，因为时间一分一秒地过去了。我用笔敲击额头，苦思冥想时，心理治疗师并没有评判我，她安静地看着苦恼的我，我看着她，耸了耸肩说"我没有答案"，感觉自己彻底被击败了。

这是我生命中最漫长的10分钟，我从来没有见到过任何自爱或他人关爱我的表现，这对我来说，是个全然陌生的事物。学校没有教会我如何关爱自己；我在家庭教育里也没有学到爱自己的重要性。如果说我学会了什么东西，那就是自我憎恨，我知道自己完蛋了。

“没事的，亚历克斯。我们仍有一线希望，即使你没能想出任何答案，我依然为你感到骄傲。”她充满同情地安慰我。

我眨了眨眼，被她的善意惊呆了，但同时心里也有点恐慌，毕竟我意识到，在这次的心理治疗之后，我有很多事情要去做，尤其是在家庭关系方面。

即使我们不知道从何着手，我也必须从某个地方开始转变。心理治疗师给我布置的任务是，列出我想要关爱自己的待办事项清单。这个任务比让我写下自我关爱例证的任务简单多了，因为我有很多想要去爱的东西，而将这些东西写下来，对我来说，是朝着正确方向转变的一个踏脚石。

自我关爱的踏脚石

这个练习一直都是我的最爱，因为它邀请和鼓励我们去看看自己如何关爱自己，以及需要采取一些什么循序渐进的步骤来关爱自己。想想在你实现自我关爱的路上存在哪些障碍，然后通过思考你想要创建什么样的健康步骤，或想要开启什么样的仪式，来培养更紧密的自爱关系。下面是我个人的一个案例，仅供参考：

当我们允许自己对未知的事情感觉舒适，并愿意找出自己想要采取哪些步骤，来学习获得我们想要的东西时，这种做法令人害怕的程度就会降低，并且将变得更有力量。现在的你，不需要知道关爱自己的所有方式，相信你们中的一些人，读到这句话时会感到一阵放松，而另一些人则会感觉不确定。不管是哪种感觉，我们都还有改进的空间。使用下页列出的自我关爱的踏脚石，来发掘内心的清晰认知和好奇心，是邀请自己开启自我关爱之旅的一个简单又有效的方法。

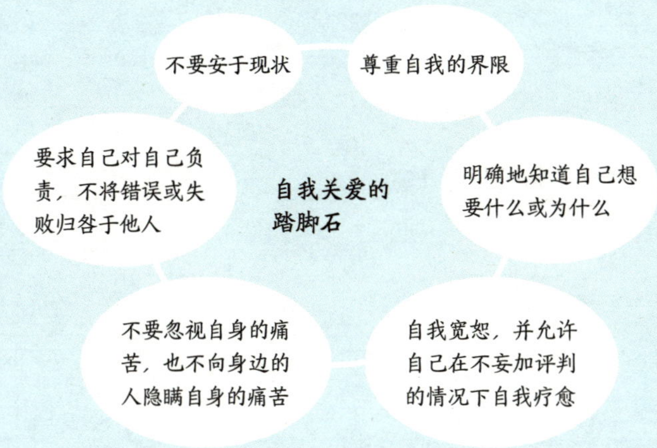
不要安于现状
尊重自我的界限
要求自己对自己负责，不将错误或失败归咎于他人
自我关爱的踏脚石
明确地知道自己想要什么或为什么
不要忽视自身的痛苦，也不向身边的人隐瞒自身的痛苦
自我宽恕，并允许自己在不妄加评判的情况下自我疗愈

第三部分

重拾自控的力量

写作使我能够清楚地了解自己的愿望和需要，它准确地告诉我，我需要转变、改变和放下什么。我需要学习的一切，都生动地呈现在我的日记中。当我学会了如何通过写作来治愈创伤时，我清楚地意识到，我不能够再逃避自身的诉求。

我花了好几年的时间，逃避自己的痛苦和羞耻感，以至于这些负面的情绪开始导致我的身体抱恙。我的焦虑严重加剧，抑郁症每天都在折磨我，而我却不知道如何修复破碎的心。我感到愤怒，总觉得命运给了我一手烂牌，而我孤立无援，只能靠自己去解决。心理治疗也不再像以前那样有效果，它令我感觉自己不过是在一遍又一遍地重演过去的创伤，却没有获得重新掌控生活所需的新工具。我不知道除了写作还能做什么，直到有一天，我拿起日记本，写下了这些问题：是什么在伤害你？你在哪里感到最痛苦？你想要怎样的感觉？闸门一下子打开了，我把所有疼痛和渴望解决的问题都列了出来。

尽管我们的成长经历令我们养成了截然相反的习惯，但每个人都注定要寻求关于自身的真实和人生目标。没有人教我们去挑战自己，提出一些难以回答的问题。但人们会鼓励我们去寻找关于自身问题的外部解决方案，去接受治疗，并希望心理治疗师能够治愈你。他们说，去寻求神的帮助，你的祈祷会得到回应；去冥想，答案会自己浮现；去寻找自省之外的任何外部解决途径，然后你就可以获得自由。外部的支持当然重要且必要，但它不过是朝着治愈方向迈出的一步，并非治愈之旅的终点。

当我真正开始治愈和了解自己，重新找回自己的力量时，就意味着不再为了获得别人的安慰而束手束脚，或压抑自己的声音；不需要再假装焦虑已经将自己淹没；不再为了没能认真地对待自我疗愈而找借口，这也意味着要向自己提出问题，但不要期望其他人代为解答。最好的老师和心灵大师都会告诉你，如果你对自己的愿望和需求没有好奇心，你就永远也不会找到自己真正想要找到的东西。时刻牢记自己才是自我人生最伟大的老师，是至关重要的。

要小聪明，忽视自身的需要、痛苦、愿望和快乐，对我们没有好处。我并没有过上充实的生活，而我知道我想要这样的生活；我知道自己需要改变；我已经厌倦了压抑自己，厌倦了试图成为别人期望的样子，而不是自己想要的样子。自暴自弃并不是一种自爱的行为，它是边界薄弱的标志，可能导致情感倦怠和自我毁灭。

我参加的心理治疗课程、冥想和祈祷，都不足以提供我想要的自我疗愈。它们不够有效，是因为在治疗的过程中，在发泄和解压之后，我依然需要依靠自己来治愈创伤。因为完成坐垫上的冥想之后，我还是要回归现实生活的磨炼和折磨之中，我缺乏改变所需的心智和意志力，因为在现实中，我依然认为自己不值一文，我的痛苦太强烈了，根本无法依靠外界传统的方法来治愈。我天真地认为，随着时间的推移，事情会自然而然地发生变化，因此在我坐等变化的降临时，我松懈了自我疗愈的努力。

然而，治愈需要全身心的投入和自我承诺，时间并不是创伤治愈的良药，但在垫子上做冥想练习，进出心理治疗诊所寻求帮助，践行我们从中学到的治愈方法，才有可能治愈我们。写作练习引导我去确定，我想要以什么样的面目出现在自己的生活中，如何去强调个人在生活中的重要性。不仅仅是通过写下那些自我肯定的话语，而是通过对自己渴望获得的东西采取行动。我必须下定决心，让自己成为最重要的存在，停止自暴自弃，停止为了讨好周围的人而不自爱。

通常情况下，在我们打开自己的情感负担，揭开那些被我们忽视的创伤、不健康的习惯、破碎的边界感和痛点时，可能会感觉无所适从，会令我们感觉其实逃避反而是更好的选择。在很多情况下，我会发现打开这些创伤之后，没有足够的空间来疗愈，于是我选择再度关闭。但审视自身的痛苦，会令它们变得真实，我知道这可能会令人感觉害怕，但当我们勇敢地选择面对令自己最恐惧的东西时，真正的心灵疗愈反而开始了。

我们必须学会接受我们要面对和迎接那些曾一度逃避的东西

这个事实，因为无论我们多么努力，试图将痛苦抛在一边、不加理会的做法并不会令其消失。只有我们能够真正面对这些可怕或令自己感到不舒服的事情，才能够发现信任自己、成为自己朋友的方法。这种心灵治愈的努力，并不需要我们坚不可摧，只是激励我们拥抱无限的可能性。所以，尽管人们经常教导我们，要学会忍耐、将痛苦压抑下去，并隐藏内心真实的感觉、思想和情绪，但我们还是需要改变这种处理痛苦情绪的不健康方式，然后开始转变那种认为自己必须处处完美、毫无缺陷的错误想法。

人生总是好坏参半，做人亦是如此。治愈并不要求我们做到完美，而是鼓励我们放下自身背负的痛苦，为创伤的显现和治疗保留足够的空间，并以循序渐进的方式，一点一滴地治愈自我。这样一来，快乐、轻松和自爱的情绪就会开始涌现，但所有的一切都需要时间，尤其是在我们需要仔细观察什么会带来伤害、什么对我们无益，以及我们需要对自己和他人养成更健康习惯的地方。请记住，我们每个人都值得成为自己人生的重点，占据有意识的空间，这才是我们站在高处，重新获得力量的方式。安于现状不再是最安全的选择，只有全身心地投入自我疗愈的事业，你才能够重获人生的自由，开启你想要寻求的人生新旅程。

揭开你的真实诉求

揭示我们真实的诉求，是我们与生俱来的权利。这样做我们可以更好地确定，我们在生活中哪些地方感到沉默、渺小，或感觉自己选择了认命。我喜欢通过写下文字自我反省，因为它促使我们提出更多问题，帮助我们找到答案。提问自己这些问题，促使我近距离观察自己埋藏的一些创伤和痛苦，但却是一种易懂的方式。

什么在伤害你？

感觉自己一文不值。

感觉被困住，不知道该做什么或去哪里做。

为自己出生在两个只会带来伤害和痛苦的父母身边而感到难过。

对未来感到忧心忡忡。

感觉自己无法远离我过去的错误。

你觉得哪里最痛？

在我的胸部和下巴。

在我的婚姻中：尽管我觉得和丈夫在一起很安全，但感觉很难向对方倾诉自己的脆弱。

在我的背部：当我压力过大时，就会剧烈背痛。

在我的事业发展中：有时我认为我不够好，不配去做我现在做的工作。

在为人父母方面：有时我感到非常迷失和不确定。没有人教我如何抚养和爱护其他人。

你想有什么感觉？

我想感到自信。

我想感到安全，即使在面对脆弱的时候。

我想感到被拥抱，即使人们不理解我的痛苦。

我想感受到与自己更深的联系。

我经常催促自己去寻找平静，寻找全身心得到治愈的某个特定时刻，寻找知道自己治愈之后下一步是什么的时刻。但我给自己施加的压力对我没有任何帮助，而转向我现在称为“恢复性写作”的治愈方式让我明白，我需要慢慢来，对自己有耐心，因为如果我急于求成，拒绝处理那些逐渐浮出水面的不愉快或负面情绪，治愈就不可能发生。恢复性写作将持续地帮助我发现自己真正的声音，让我可以在自我解脱的方向上采取循序渐进的、有意识的治愈步骤。同时，找到自己的声音，也让我们与自己和周围的人的联系更加紧密。

什么在伤害你?

感觉我并不重要。

为什么这伤害了你?

因为感觉自己无足轻重，使我陷入难以摆脱的循环之中，感觉我没有给世界带来价值，使我很难记住自己的价值。

你希望事情如何改变?

当涉及了解自己的价值时，我希望能够自力更生，我想建立不能被拒绝、羞耻或内疚打破的信心。我知道，认识自我价值是一项内省的工作。我将开始写下自己为世界带来的价值，并时刻提醒自己牢记这一点。

这些例子只是发现我个人真实声音的冰山一角。缓慢地削去一层层的自我保护，允许我逐渐地实现转变。找出自己感觉受伤的原因，并按照如何解决的方法行事，这时候事情就会出现转机，呈现出全新的面貌。对于自己的愿望和诉求，我们才是那个掌握了正确答案的人，即便有时候我们感觉很难让这些需求浮出表面，它们也隐藏在内心的深处，耐心地等待我们的发掘和探索。

我正在重拾自我的力量

在这个冥想练习中，我邀请你大声读出以下肯定自我的表述。写下最能引起你共鸣的那些句子，把它们贴在浴室的镜子上。每天，当你准备开始或结束一天的工作时，对自己读出这些话。当你大声说出肯定你自己的表述时，看着自己的眼睛，坚定地相信，你有能力改变你的想法，确定你想要和需要什么。开始这种练习会提醒你，你不必等待别人提供你正在寻找的答案。你可以转向自己的内心，从内部做到自我肯定。在阅读前鼻子深吸一口气，然后张嘴呼出。

我正在通过对自己诚实，来重拾自身的力量。

我正在通过解决自己的痛苦，来重拾自身的力量。

我正在通过展示自身的脆弱性，来重拾自身的力量。

我正在通过展示而不是退缩，来重拾自身的力量。

我正在通过与自己和他人设定健康的界限，来重拾自身的力量。

我正在通过放慢脚步和识别自身的需求，来重拾自身的力量。

我正在通过挖掘我的感受而不感到羞愧，来重拾自身的力量。

我正在通过慢慢地、有意识地愈合，来重拾自身的力量。

重写你的人生故事

你不必生活在痛苦中，通过写作疗伤，我们能够解决哪些东西需要取舍的问题，以确保生活可以继续前进。当我们远离自己曾经知道的东西，以及自己曾经是谁时，就会出现一些受伤的时刻，这也是治愈过程的一部分，但一切尽在你的掌控之中。因为只有你才知道，你什么时候准备好把东西写在纸上，准备好重写你的故事，将迫使你看一看自己曾经拒绝或逃避的事情。这是你的人生故事，不要让恐惧的情绪阻止你翻开人生新的一页。重写个人的人生故事，需要勇敢、失败、重新开始和改变的意愿。

在我20多岁的时候，我开始对生活做出重大改变，因为我厌倦了被自己错误的人生选择打败的感觉，而且我的人际关系并不健康，而我一直试图在同样的环境中修补自己，这些环境使我感到崩溃，使我无心去做自己想做的治疗工作。我感到迷茫，不知道如何找到人生前进的道路，但我知道自己必须这样做，也知道自己想要去这样做。在我丰富自己生活的过程中，身边充斥着各种各样的反对意见，有些人不知道如何应对我做出的改变，并质疑我的真实性。重蹈覆辙必然更容易，但从长远来看，这没有任何益处，只会让我的生活充满挑战性，变得没有那么充实。而选择改写自己的人生故事，选择去改变，并致力于治疗创伤，使我成长为最好的自己。这些转变允许我控制自己的生活，并抛掉身上所有不适合我的故事。

多年来，我已经意识到治愈自己内心的小孩，以及滋养年幼自我的重要性。我之所以曾经被困在旧的生活方式中，是因为我在成长过程中习得的大多数行为都是不健康的。例如，在我年轻的时候，我就学会了取悦他人、降低自己的存在感和重要性，成为一个不真实的自己和得不到爱的自己。我一直在寻求外部的认可，希望将自己打造成一个人见人爱的人，但实际上，我只学会了如何放弃真实的自我，活出一个我并不需要或不想要的人生故事。

我在情感和精神方面的经历提醒我，我可以掌控自己、自己的想法和自己的人生，不管有没有人站在我这边支持我，我都有能力独自成长。这样一个成长的顿悟，迫使我看清了自己，我也因此失去了朋友，得不到家人的理解，并不得不找出如何在情感上自给自足的方法。在孤立无援的情况下疗伤，是最可怕的经历，但我别无选择，只能超越旧的自己。除了我自己、我的真相和我的日记，没有其他人，这个过程并不愉悦，但它鼓励我最终看清自己。逃避自己的故事，无论是好的、坏的、令人心碎的，不再是一种选择，它没有给我带来任何好处。我选择在自己的陪伴下和内心的真相中治愈和寻找安慰。独自做这种类型的心灵治愈工作，使我能够重新找回自己的声音和力量。

在无人关注的情况下，选择自己是一个颠覆性的行为。没错，如果有人在背后默默地支持你，这会令你感觉很有意义，也能够增强你的信心，让你在某个时刻感觉良好。但同时要记住，来自外界的肯定，只是人生的一种奖励，而不是人生的目标。如果你不能谨慎地把握好其中的度，那么它可能会令你停留在虚幻的舒适感之中止步不前，无法与真实的人生故事建立联系。外界的认同并不能够治愈你的创伤，它不过是一时的抚慰，因为治愈注定是一项孤独的工作，只能由自己完成。

我鼓励你后退一步，通过你自己的眼睛看看你的生活，而不是通过你的父母、雇主、朋友和伙伴的眼睛。问问自己：我是谁？我想要什么？希望如何改写个人的故事？从别人告诉我们如何做人的舒适环境中走出来，是令人畏惧的，但心灵治愈需要的东西并不多。把你的情感和精神成长的喷发，看作你需要的推动力，通过自我承诺、自我探索和自我信任的眼睛，你可以更深入地探索自我的需求。

但总有一些时候，治愈的工作必须自己来完成，就好比如果你骨折去看医生，你也不会一直坐在医生的办公室直到痊愈，而是在医生完成必要的处理之后，回家自行休养恢复。情感层面的治愈也是同理，我们在接受心理治疗之后，需要回到自己的家中，依赖内心的力量，循序渐进地修复情感的创伤。没有人可以推着你朝着治愈的方向前进，不管是心理治疗师、心灵导师还是你最喜欢的作家，只有你自己才能够采取必需的行动，改变自己的生活。

在你尝试解开心结，重新叙述人生的故事时；当你挖掘关于自己的真相时，你将慢慢地了解关于自我的真实情况，那些你一直试图躲避，或感觉难以面对的事情就会浮现，并提醒你要学会勇敢地面对。你要对整个创伤治愈的过程保持好奇心，因为转身逃避，只会令你陷入羞耻感和遗憾的恶性循环之中。请你直面自己需要勇敢面对的事情，并从中学会经验教训，最终实现治愈。

治愈的技巧

奈卡·茱莉娅（Nneka Julia）

在我的内心深处，我一直自认为是艺术家和企业家，关于很多事情，我既喜欢它们艺术的一面，也沉迷它们背后的科学原理。小时候，我总是喜欢在墙上胡乱涂鸦，或者把雪花片剪下来到处粘贴。一直以来，我都有着这样的外在需求，就是要创造一些有意义的东西。我非常感激父母并没有劝阻我，尽管他们还是更愿意我走上传统的教育道路。虽然他们也不打算送我去读艺术学校，但也接纳了我的创造精神和与众不同的个性。

但我最终还是放弃了绘画，因为我觉得如果继续画下去，我可能要走上职业艺术家的道路。大学毕业之后，我为一个家族企业工作了15年，直到2021年离职创业。在此期间，我主要服务的对象，是存在精神健康方面的问题和发展障碍的人。从事这个行业，随后围绕照顾他人创业，也塑造了我对商业和人际关系的看法，它教会了我将同情心和社区作为自我的延伸，并让我学到了很多经验教训。

当你经历过给成人换尿布、给人喂药，以及与大多数被社会视为隐形人的特殊需求人群打交道时，就会磨炼出如何让人感到被看见和获得安全感的技能。不仅如此，你还学会了如何在更深层次上进行自我反思。我在结束一天的工作时经常问自己，是什么让我感到被看见。

我一直很喜欢照片，翻阅父亲的相册，是我喜欢做的事情。他和妈妈拍了很多照片来记录生活，在我20岁的时候，我发现了一堆我从未见过的照片。我当时的感觉就是，天哪，我肯定做不到像父母这样，通过照片捕捉这么多的人和事，记录这么多人生的瞬间。我可能很擅长在自媒体平台上发布动态，但我更想要学习父母，去做他们最擅长的一件事，即捕捉那些容易被人忽视的时刻和经历。这也促使我拿起父亲的相机，记录了一段时间的生活。但没过多久，父亲就明确表示，我不能占用他的相机，要赶紧还给他。后来我自己存了一些钱，买了一台尼康相机，开始拍摄各种各样的照片。

身为家里的老二，我打小就不太习惯成为人们关注的焦点，当我拿起相机拍摄时，通过镜头，我能够看到和捕捉周围事物的存在，展示出被人看到的美。当人们看到一张照片时，他们透过拍摄者的眼睛去看这个世界，不管是过去还是现在，这个认知都令我感到惊奇。

于是我开始四处旅行，通过镜头收集这些视觉故事，我去了一些地方，见到了一些人，然后意识到自媒体或社交媒体是非常单一的表达方式。我骑在骆驼背上，经历了一次分手，而每个人都只看到照片中的骆驼。尽管我很喜欢制作图片和分享它们，但这已经成为一种非常浅薄的交流方式。我以前从来没有以这样的方式看待照片，对我来说，它们一直都是颇有深度的叙事方式。然而，当分享被简化为通过手机分享的一个方块照片时，图像往往只会被视为一种表达审美上的愉悦或渴望的工具。没有人知道你的生活中发生了什么，或许也没人想知道。我开始问自己，我想要传递什么样的经验教训呢？如果仅仅是视觉上的美，那么通过这些照片，我又真正留下了什么？

当我决定做播客时，我开始更严肃地对待写作这件事。其实我一直以来都在写作、记录不同的感悟、写日记以及诸如此类的事情，但从未真正想过要分享这些故事。对我而言，决定通过播客分享自己写的故事，是一个转折点，通过将图片与文字以及音频结合起来，我在工作和周围的世界之间创造了一种深刻的联系。有时候，我会在写作和录下故事的时候感到孤独，但总会有人在世界的某个角落朝我伸出援手，分享他们的感受。知道自己并不是唯一感到受伤的人，给我带来了极大的抚慰，所以我认为分享在我个人的治愈过程中发挥了至关重要的作用。通过写作的方式分享自己的人生故事，改变了我的生活，也是我实现治愈和持续治愈的核心方法。

我经历了一场非常痛苦的分手，并且很长时间都没有从痛苦中走出来，我没了食欲，整日昏昏欲睡，陷入了显而易见的抑郁之中。现在回过头写下这段经历，要求自己走出分手的痛苦，切换到一个完全不同的情感空间，的确很难。但作为一个艺术家，我知道自己的经历和故事并不会毫无用处，至少其他人可能会对我的感受产生共鸣，并从我的经历中获得一些有用的经验或见解。

在我意识到我面临的这些问题无法从其他人身上获得解答后，我就开启了更深刻的治愈之旅。处理这一场令人心碎的分手，也证明了除了我自己，没人能够拯救我。没有哪个心理大师能够告诉我，接下来一切都会好起来。没有什么东西能够神奇般地让我的前男友重新爱上我，或者让我自己以负责任的方式爱自己。所有的答案都必须由我自己寻找和提供。

我应该是自己生活的中心，是一个我随时都可以返回的地方。多年的经历让我明白，受过创伤的人终究都会好起来。2020年的分手经历让我明白，在必要的时候，抽身出来照顾自己和疗伤，并不会伤害任何人。如果你能够稍微地改变自己，每个人都能够活下去。所以有的时候，将自己视为生命中最重要的存在，也是可以接受的。

当我不断地磨炼自己的拍摄技术和通过镜头捕捉故事时，我经常问自己，我如何才能够让人们比以前更好？治愈教会了我要流畅地表达情绪，当我找到正确的地点时，时空仿佛都消失了。

摄影和写作是一种邀请，让我放慢脚步，更加用心地体会自己的情绪。而通过讲述故事的方式，从口头的播客到书面的文字，就是我实现治愈的方式，让我成了一个故事的收集者。

什么是我的

这个写作练习将以你个人的故事为中心，以确保你能够重新找回对属于自己的东西的控制权，同时释放那些不属于你的东西。请每天在你的日记里写下以下这些提示性的问题，并逐一回答。但不要急于求成，一下子列出太多问题。保持适合自己的节奏，花时间来认真地回答每个问题。

哪些故事并不属于我，而我还在错误地坚持？

我想要如何开启人生的新篇章？

我需要从我的情感工具箱中释放什么，使自己的生活可以向前迈进？

哪些故事，无论好坏，都塑造了我？

如果我要写一本书讲述自己的人生，我希望这本书里写什么？

我需要停止说服自己放弃什么？

有什么故事是我需要释放或停止反复讲述的？

如果可以回到过去，关于我的童年，我想要改变什么？

如果我有机会教导年轻的自己，我会对自己说什么？

在读完这些问题后，在动笔回答之前，请潜心思考。从最触动你的第一个问题着手回答，然后在一个星期的时间内，回答完所有的问题。如有必要，你可以不限次数地回过头重新审视并回答这些问题。

创伤治愈：成为他人的一面镜子

玛丽尔·布克（Mariel Buqué）医生

我总觉得自己有着多重身份，我首先是一个人，和其他人一样，在探索这个充满未知和不确定性的世界。而作为一个人，我在社会中最重要的角色是女儿和姐妹，我是一个非常注重家庭的人。但同时我也是一个治疗者，以心理学家和身心健康领域从业者的身份工作。我很喜欢这份工作，这也是我个人的兴趣所在，因为我希望看到人们都能够活出完整的自我。迄今为止，我认为自己这一生中所做的一切，都与我个人的人生使命保持了一致，我认为自己生来就是要做这项工作的，并以我个人的方式去给予他人关爱。作为一名心理治疗师，我找到了人生的意义。我对心理健康的实践充满了热情，更确切地说，整体心理学（holistic psychology）同时囊括了传统和非传统的心理治疗方法，体现人在痛苦的情感体验中人性化的一面，而这在心理治愈的过程中发挥了至关重要的作用。

作为一名心理治疗师，我将自己视为客户的一面镜子，在人们探索和体现整体性和治愈的过程中，保持一个有意识的、无偏见的空间，将带来革命性的转变。而我的工作，就是成为这样一面镜子，为客户们提供空间，让他们能够转变自我。作为一个心理健康领域的从业者，这就是我的目标，即看到一个人——真正地看到他们的痛苦和需求——然后为他们创造一个心理上的安全环境。在心理治疗师可以做到这一点时，它可以帮助遭受创伤的人产生信心，获得发自内心的安全感，从而推动心灵治愈之旅的发生。

心灵治愈一直是我生命中不可或缺的一部分，并以这种或那种方式体现，然而直到我20多岁，才能真正将自己视为一个实现了彻底治愈的人。回顾过去，当我还是一个小女孩的时候，就已经表现出超强的关爱倾向，我总是想要帮助别人，尤其是我的家人和朋友。自我有记忆以来，我就一直渴望让自己生活中的每个人，都感觉他们拥有一个安全的地方可以落脚。作为一个孩子，这就等于张开双臂，给予他人一个舒适的拥抱。

我依然记得，自己小时候的直觉非常灵敏，总是能够感知什么时候有人感到不舒服；我记得自己对他人的情绪非常敏感，总是想要找到方法来帮助他人梳理糟糕的情绪。所以，长大之后我成为一名心理治疗师，也是意料之中的事情。使我的工作和生活目标与心理的治愈和转变能够始终保持一致的原因是，这并不是后天习得的技能，而是我个人天生的本能。能够保持空间，并成为身边的人和来自其他地方和圈子的人的一面镜子，是我的天赋，而有条不紊的心理治疗实践则来自我生活中其他领域的支柱，但治愈始终是我人生的中心，既体现在职业上，也体现在生活中。

作为一个从多米尼加共和国移民到这个国家的人，我自己需要完成大量的内心调整，才能够达到今天这种平衡和适应的状态。我的移民故事中，也充斥着诸多障碍和许多情感层面的痛苦折磨，经历了这些折磨之后，我们作为一个家庭才最终得以团聚，我跟我的家人们彼此分离了长达10年的时间。这段时间非常难熬，也促使我做出了最深刻的转变。

在这段漫长的分离时间里，将我们联系在一起的，是爱与希望看到对方过得好的期盼。这段经历也令我意识到，爱是心灵治愈过程中不可或缺的存在。作为心理健康领域的从业者，我们在向客户传递爱，即使我们并没有明确将“我爱你”三个字宣之于口。这句话可能是行业禁忌，因为我们接受的所有专业培训都告诉我们，治疗师要做一块白板，我们不能向客户表现出任何情感，表达出对同胞的爱或关怀等情绪。然而从我和家人们的经历来看，我不仅看到，也感受到，爱能够发挥巨大的治愈作用，爱将使世界变得不同。当人们看到并感受到来自他人的爱时，心灵的治愈似乎变得更容易，也更容易从痛苦中解脱。

我所做的治疗工作，使我更深入地了解了自己的内心世界，它提醒我，爱是真实存在的，而心理治疗师，有时候也需要人们向我们展示我们真实的一面。我热衷于帮助他人了解自身的情绪，以建立与自我的更深层次联系。在当今这个忙碌的世界里，人们往往缺乏对自身情绪的理解，我们一路走来接受的教育就是，我们要学会忽视自身的情绪和感受。然而，我们事实上反而需要秉持开放的态度，积极探索和理解自身的情绪和感受，只有这样，我们才能学会以一种脚踏实地的、健康的方式，来调节糟糕的情绪和感受。

随着我在心理治愈的道路上越走越远，我逐渐意识到，在工作中和工作之外，找时间休息和放松有多么重要。作为一名职业心理治疗师，我必须抽出时间为自己服务，并且不会因此而感到羞愧或内疚，我当然热爱自己的工作、社区和家庭，但我也爱自己。让自我关怀与社区服务携手并进，为放慢脚步提供了空间，让我可以专注于自身的需求和放松。找到工作生活与私人生活之间的平衡，为放松自我提供了空间，这滋养了我的灵魂。我有时候会溜进一个创造性的空间，借此恢复自身的能量；我喜欢做饭、热衷与家里的植物交谈，或者什么都不做，只是放空自己。每一种休息方式都在帮助我恢复身心的健康。

而园艺这项爱好，也改变了我在心理治愈方面的实践。与大地和自然界的联系，使我能够用心体验周围的环境。当我徒手挖开泥土时，我找到了一种宽广的感觉；而在走过后院时用心地观察，则让我回到了当下，找到一种回家的感觉。从我的花园里采摘草药和蔬菜来做饭，给我带来了很多快乐和被关怀的感觉。在某种程度上，园艺成为我生活中需要的一面镜子，可以更密切地见证心灵的治愈、成长和变化的体验。这是我需要的情绪层面的休息，使我可以更清楚地看透万事万物的真相。当我腾出时间来休息、恢复和补充能量时，其他一切都感觉很稳定。每当我们将情绪恢复作为一份礼物送给自己时，我们就会变得更脚踏实地，能够为自己和他人负责。我发现，通过这些做法，我成了社区的容器和镜子，并为此感到深深的喜悦。

在步行中抒发情绪

录下你对上一个练习中提出问题的答案，你可以用手机的语音备忘录应用程序，向自己提出这些问题，并通过与备忘录交谈来回答这些问题。如果你提出的问题是“哪些故事不属于我，而我却错误地坚持着？”你的回答就应该以“不属于我的故事是……”开始，然后列出那些在你的脑海中响起的错误表述。问问自己是从哪里得到这些印象，并描述它在当下给你带来的感受。为任何可能出现的信息保留足够的空间，当你想要停止时，就停止。

然后出门散个步，让录音作为步行冥想的材料，给自己一些时间来聆听这些音频的内容。在你转向内省和仔细聆听时，要保持对自己的耐心。要记住，你知道如何找到自己的答案，你有能力确定你想要改变、转变和成长的方式。当你倾听自己改写自身的故事和改变关于自己的叙述时，要保持对自己的耐心和同情心。

第四部分

如何与自己和平相处

如果你无法原谅自己，就不可能实现心理的治愈。挟持自己、为自己过去的错误而憎恨自己，不仅无法为你治愈创伤的渴望提供帮助，也无法在你的生活中创造出你渴求的放松。我自己在痛苦的深渊中挣扎了许多年，因为我认定自己就应该痛苦地生活，不值得轻松的人生。我个人经历的许多创伤和情绪困扰，都来自我的童年，它令我觉得自我憎恨是正常的，而自爱和宽恕自己或他人，对我来说是陌生的事物。

在我前半生的生命中，没有人教我如何喜欢自己，更不用说爱自己了。我缺乏做得更好所需的方法，最后只能自己摸索如何去关爱自己。我经常开玩笑地说，我在自我宽恕的道路上失败了，尽管现在的我可以将这种失败看作命运给予的另一种变相的祝福，但当年的我为此感到非常愤怒，也很困惑。如果你的内心充满了负面的情绪和动荡不安，那么改变自我就成了异想天开的事情。经过多年的治疗、自我反省和无数次的失败，以及通过写日记的治愈疗法，我才最终消除了这种有毒的心态，解除了长期以来一直压在我身上，最终导致我情感功能失调的东西。但这是一座险峻的山峰，需要奋力攀登才可征服。

在我小的时候，我非常渴求获得来自父亲的关注，但他事实上基本不在我身边；长大后，我试图争夺那些根本不关心我的男人和朋友的关注，所有这些都使我在自我毁灭的道路上越陷越深。在我生命的那一刻，我曾一度以为自己将以这种毁灭性的方式，一直生活到死的那一天。我持续地伤害了自己好几年，才最终下定决心，扭转局面、重新开始。情绪上的自我伤害，是一头需要释放的野兽，当我终于从零开始进行治疗时，它实际上造成了更多的伤害。

在我个人的治愈过程中，我意识到自己选择了躺平和放弃，作为对自己的惩罚。我以为这可以给我一个教训，因为我相信自己遭受的大部分痛苦都是咎由自取，因为我坚定地相信自己没有任何价值，我不认为自己的人生能够创造任何价值。因为存在这种失败的思维方式，快乐和治愈看起来是我无法企及的东西。我最终强化了这样一个谎言，即我不能够相信自己或自己的想法。而在这种错误思维的引导下，我试图通过寻求外部的认可和不健康的依赖关系，以填补内心的空虚。

无论出于什么原因，当我们憎恨和虐待自己时，我们都会阻碍自身在情感层面的成长，禁止同情心和自我同情心，导致我们在痛苦中失去自我和希望，开辟人生新道路的能力似乎变得日益渺茫。我们中的许多人都曾做过一些令人后悔的事，说过一些令人懊悔的话语，或以自己后悔的方式行事，因为我们当时处于不正确的情绪和精神状态。但我们无法收回失误的话语或不良的行为，不能将已经发生的事情当作没有发生。即使我们犯下了错误、遭遇了失败和挑战，也不应该因为自己无法改变的事情，而给自己带来进一步的痛苦。我们能够改变的是我们自己的观点，而学会爱上自己长期以来憎恨的东西或情绪，需要坚定的决心和反复的练习。羞愧和内疚不是治疗和情感进化的肥沃土壤。

在治愈的过程中，我们可以展示出缺陷或不完美，因为始终保持正确是不可能的要求，而治愈并没有一个所谓的达标点或终点，只要我们还在呼吸，就会继续成长、失败、成功，并在这条道路上继续学习。经过多年的深度治愈工作之后，我认识到，每个人寻求的答案，实际上就埋藏在自己内心的深处，而将它们挖掘出来，是每个人与生俱来的权利，我们每个人都能够找到掩埋在痛苦之下的治愈之法。

有时候，我们很容易说服自己，放弃去做那些改变自我所需的工作，但是要成为我们希望自己在这一生中能够成为的人，我们就需要承认并释放曾经的自我。它要求我们承认自己为人处世的错误模式，并采取行动改变它们。我们可能受限于自身老旧的想法，不知道自己应该如何努力和治愈，有时候甚至感到孤立无援，因为我们身边的人拒绝理解心灵治愈的行动，或拒绝采取行动去治愈他们自身的创伤。

要时刻牢记自己的任务是什么，当你不再试图改变那些拒绝改变之人时，你就开始收获内心的平静。你的治愈和他们的治愈并不一样，与自己和自己的过去和解，就好像推开和打破了情绪障碍、创伤和自我憎恨的恶性循环。而当你选择治愈自己时，实际上也是在主动选择治愈自己的子孙后代，福泽几辈人。

让这项工作向你展示一颗感恩之心带来的感觉，当涉及学习自爱、内心平静，以及加深我们与自己努力想要成为的人的联系时，我们肯定会经历起起落落。但自我厌恶并不会使我们成为更好的自己，因为这是不可能的事情，只有爱、耐心和理解，才应该成为自我治愈的核心。

而写作练习则是邀请我们将一切负担放下。我们中的很多人，一直顽固地守着过去的自己不放，因为我们不知道应该将它们放在哪里。我们的情绪行李箱已经超负荷满载，没有留下任何改变的空间。没有空间，就意味着新事物无法发生，而彻底的自暴自弃也是行不通的。心理治愈和成长的过程，要求我们全身心地投入并持之以恒地坚持。而坚守自己的力量，意味着在生活中遭遇困难时，不安于现状或自暴自弃，你需要使放弃自己不再是一种可能的选择。

滋养你内心的小孩

学习如何为自己内心的小孩保留成长的空间，可能听起来是一个奇怪的说法。我们现在已经长大成人了，已经成为更好的自己，为什么还需要回到过去，发掘内心深处隐藏的痛苦或创伤？

我也曾有过类似的疑问，直到我开始探究那些似乎在成年之后突然出现的深刻悲伤背后的原因，我才终于意识到，几乎所有的悲伤都与我年幼时的成长经历有关。有些事情，我在年轻的时候从未在心理治疗时分享过，我选择对它们视而不见，因为我认定它们与我当下遭遇的痛苦无关。然而事实上，被父亲拒绝和被母亲憎恨的感觉，在我的一生中，一直以真实而痛苦的方式伤害着我。

当我开始写《雨后》一书时，我才意识到童年给我带来的感觉如此令人心碎。撰写这本书的过程，就像是挖掘历史痛苦的过程，但同时也带来了一种解脱感。在这个过程中，我给年轻的自己写信，希望能抚平一些被重新打开的伤口。写作这本书把童年的孤独和伤害重提，以至于我很难找到安全感。我还意识到，我遭遇的很多创伤来自父母，这对我试图进行的情感治疗没有帮助，而在30岁的时候才意识到这个问题，让我感到很沮丧。我已经尽可能地完成了挖掘内心痛苦的所有工作，而我所经历的痛苦并没有反映出我在情感层面的愈合或进步。

因为害怕会翻出一些不可控的情绪，我一直努力回避内心的那个小孩，但我知道，我必须弄清楚导致这种重现的悲伤的根源何在。滋养内心的孩子，能够帮助我们识别哪些情绪是我们的，而哪些情绪不是。有时候，我们会不自觉地背负他人的痛苦或愿望的投射，几乎将它们视为自身的痛苦或期望。在谈到创伤治愈时，我们经常会因此而感到困惑，因为我们搞不清楚哪些情绪或创伤是需要我们处理的，而哪些不是。通过写作的方式剖析自己，让我们有空间来整理自己的情感行李箱，区分出属于自己的东西和不属于自己的东西。

通过给我内心的那个小女孩写信，向她提供我渴望获得的安慰、关爱和关怀，我以循序渐进的方式，开启了自我疗愈的过程。我告诉内心的她，“你现在安全了”“我爱你”“这个创伤不是你的错”等，这使我创造了一个安全的空间，让自己可以放肆地崩溃。通过写作来滋养自己内心的小孩，欢迎真实的自己和所有混乱的情绪出现，我能够向自己提供尊重、怜悯和安慰。我学会了安慰内心那个不安的小孩，因为她也需要并值得我的关注。

对你来说，这可能是一个令人困惑或奇怪的做法，但我鼓励你欢迎这种不适感。我曾告诉那些开展了这项深度内省工作的学生，我们内心深处的那个小孩就是我们自己，因为成年后的我们与年幼的我们是不可分割的整体，每个人成长过程中的经历，无论好坏，都会影响我们。而忽视这些经历，就是忽视我们自己。

我们都需要学会与年幼和年长的自己一起生活，并思考自己支离破碎的童年，这就是我们学会与自己和解，并有意识地开启心灵治愈的出发点。这也是我们学会找到平静与自我接纳的方式，是我们学会关爱自己，在治愈过程中茁壮成长的方式。

但试图追求完美只会分散你的注意力，使你无法更深入地挖掘和找出残酷的真相。所以要尽可能避免完美主义，因为创伤的治愈本身就是一项混乱不堪、错误百出的工作。当你带着缺陷和弱点，将真实的自己呈现在页面上时，你会发现很多关于自己和韧性的东西。而你感受到的痛苦，可以是一条通往自我成长的道路。滋养你内心的小孩，就是这样一个任务，你可以尽情地打破任何的束缚，治愈任何的伤痛，且不需要被他人评判或产生羞耻或内疚等情绪。无论你的心理健康状况是好是坏，你内心的小孩都需要你的关注。而通过写作，你可以赋予自己治愈的力量，并找到新的方法，成为自己人生的导师和盟友。

在努力完成这些练习时，请记住，你不一定需要知道自己从哪里开启治愈之旅，你只需要选择开始，然后向前推进即可。要学会坦然接受不知道自己在做什么的状态，因为一个新手的心态将使我们保持开放和愿意学习的状态，去探索未知中蕴含的美和成长。在滋养内在小孩的过程中，要平静地接受自己可能需要重新开始和再次尝试的事实，而自爱应该在这段旅程中占有一席之地，来自他人的爱也是如此。

关于内在小孩的反思

敞开你的心扉，让自己真情流露。要学会享受通过写作抒发情感、剖析痛苦的过程。每天回答一个问题，并围绕这个问题创建一个有意识的写作练习。写作时要坦诚，要实事求是地仔细观察你的生活，你现在处于什么状态，曾经是什么样的状态，不要轻易地自我评判。

内在小孩就是最原始或真实的自我，它也是我们人格中隐藏的像孩子一样的部分，其特点是好玩、自发性和创造性。当我们内在的小孩被触发时，它可能会导致我们无法理解的愤怒、伤害和恐惧，或者看起来像是大惊小怪的情绪反应。下面这些提示性的问题，将邀请你去探索自身的愿望和需求，在小时候是什么样子，现在又是什么样子。

今天你内心的小孩需要什么？

描述一下你的感受。

什么让你在童年时感到安全和被爱？

列个清单吧。

是什么让你在成长中感到恐惧和沉默？

你在成长过程中感到安全吗?

你小时候有创造力吗?如果有,是怎样的?

你喜欢什么?

如果可以,你会改变童年的什么?

在哪些方面,你会选择保持不变?

你是谁,有多少是真正的你?你是否按照他人的预期生活?

关于内在小孩的肯定表述

对着手机的语音备忘录，大声读出这个冥想练习的下文内容，然后给录音加上相应的标题和日期。在大声读出来之后，不要立即回听。你可以在日历上专门勾选一天，留出时间和精力来回听这个音频。在播放过程中创造一种仪式感：可以泡上你最喜欢的茶；为自己做一顿好饭，或者洗个热水澡，为这段特殊的时间做好准备。让这种做法成为你自爱反思和内心平静的时刻。设置一个提醒，根据个人的需要，经常重放这个关于内在小孩的肯定表述。

亲爱的年轻的自己：

你是安全的，我正在为你创造一个美好的生活。即使在我迷失的日子里，我也坚定地相信，新的方向或道路会出现。我深深地爱着你，很抱歉曾经让你觉得我不爱你。我当时在学习，我现在也在学习。因为你的缘故，我致力于自身创伤的治愈，你当时没有的东西，现在有了。谢谢你提醒我，我可以为自己的福祉而努力，也感谢你没有放弃我。你告诉我，我可以成为我一直想成为的人。你是安全的；你是被爱的；而我一直在这里。

通过心理治疗实现创伤的治愈

露薇·阿雅伊·琼斯（Luvvie Ajayí Jones）

我应该属于传说中的斜杠人群，因为我是一个作家/演讲者/播客主持人，但不管是哪一种身份，我都热衷于创作帮助人们感受到快乐、鼓励他们进行批判性思考的作品，并督促大家采取行动让生活变得更好，让这个世界变得更美好。

五年多前，我在网上遭遇了黑粉的攻击，促使创伤治愈走进了我的生活。这次事件给了我迎头一棒，因为它让我意识到，作为一个播主或信息提供者，当我说的话语被人当成攻讦我的武器时，我并没有具备作为一个公众人物处理类似攻击事件所需的方法和策略。

以黑人女性的身份生活已经足够艰难，而以一位黑人女性公众人物的身份生活，意味着我需要不断地处理人们对我是谁的投射和定义，并且我正在以最艰难的方式去应对。除了要操心我自己的困境，我还要搞清楚如何驾驭外界的投射和解决其他人的困境。这令我感到不堪重负，于是我主动寻求了心理治疗。

当我意识到自己需要更加坚定地相信自身的价值，更加专注于我是谁，而不是其他人对我可能是谁的想法时，我知道我必须接受心理治疗。当然，接受心理治疗的过程，又揭示出其他各种类型的问题。显然，我一直以来都背负着很多创伤，却不承认，也没有着手处理。这一次的心理治疗就好像打开了一个线头，突然之间，我的生活就好像被拉开了线头的毛衣一样，分崩离析。我以为接受心理治疗是为了处理被人攻击这一件事，但很快发现，心理治疗揭开了很多掩埋许久的往事。

最后，我的心理治愈过程，也成为一个涉及生活方方面面的过程。我的第一个心理治疗师帕特森医生，对我来说就是一个治愈和可靠的存在，但她在2021年突然去世，令我非常震惊！我在与她约好的下一次治疗的前一天，得知了她去世的消息，而她的离去，直接剥开了我必须处理的另一层悲伤和愈合。现在的我，是我们两人共同合作治愈成果的见证，这就是为什么我的第二本书《职业麻烦制造者》中频繁地提到帕特森医生。她能够帮助我释放自身的脆弱，帮助我开始处理自己压抑许久的创伤。我们往往意识不到自己的生活中有多少创伤性事件，因为要确认这些创伤的存在本身就是一个艰难的展示脆弱性的过程。

帕特森医生给我提供的其中一个创伤治愈的工具，就是积极地学习和练习不要逃避困难，这是以前从来没有人教过我的东西。在她之前，我从未遇到过这种思维方式。直到接受了帕特森医生的心理治疗，并开始正面处理我的经历，我才意识到自己在生活中花了很多时间，只为了逃避面对困难的人和事。我们总是忙于生活、工作和玩手机，以至于无暇顾及深埋的创伤经历，而帕特森医生是第一个告诉我不要那么匆忙生活的人。

在与帕特森医生合作的过程中，我发现对心理治疗这个漫长的过程有了更深刻的了解。因为我意识到，心理治愈的过程永远不会结束，我们总是要不断地改掉从他人那里学到的坏习惯。在心理治愈的过程中，我们要一路学习，放下他人对我们的投射，并最终找到成为更强大、更柔软的人的正确方法。

帕特森医生的离世令我感到震惊，那个帮助我解决人生难题的人突然死亡，带来的噩耗和创伤谁又能够帮助我处理呢？在得知噩耗的当天，我强迫自己不要去想这件事，坚持把一天的工作完成，然后试图将这个噩耗塞进一个小盒子里，并把这个小盒子埋到内心深处的一个小角落。那天，我一直忙碌地工作到晚上8点，然而在8点05分的时候，我已经泣不成声。

身为一个作家，我通过文字来处理一切，所以我写了关于帕特森医生的故事，以及她如何改变我的生活。她对我的心理创伤治疗产生了深远的影响，而且总是那么坚定可靠。当我在写她的死亡时，我发现自己仿佛听到了她的声音，她会对我说的话，就好像她在陪我经历她自己的死亡。下面是我想象中的对话：

帕特森医生：那么你今天感觉如何？

我：我觉得，我很好。

（帕特森医生沉默不语，她目不转睛地看着我。）

我：好吧，我并不好。你的去世把我打得措手不及。我不知道如何处理这个突然的噩耗，所以我只能通过工作和写作来麻痹自己。

帕特森医生：你通过工作来逃避什么？

我：我意识到我正在经历一种非常巨大的、非常个人化的损失，我觉得自己很自私，因为我不知道我是在哀悼你，还是在哀悼你不在这里对我意味着什么。

帕特森医生：有什么区别吗？

我：我不知道。

这种感觉就像即使在她死后，她也仍在教我如何挖掘自己的情绪，诚实面对自己的感受。这也侧面证明了她惊人的工作技巧和帮助人们愈合、观察和感受的能力。在我的脑海里，她一直存在，并肩跟我一起处理她突然离世的消息。在她教导我的同时，我就在现场，运用我学到的治愈方法去尝试疗愈创伤，而不是选择逃避。我的心理治疗师去世了，这个帮助我将生活拉回正轨的人，她的离世成为一个邀请，让我积极地使用她教授给我的技巧和方法。在那一刻，我终于意识到自己学到了多少东西，也获得了自身的成长。

我现在有一个新的心理治疗师，她鼓励我把事情写下来。她知道，如果我不写，我就没有处理我所经历的任何事情。有的时候，我有好几个月没有写日记，因为我还没有做好面对困难事情的准备。

我认为，给自己预留一个空间很重要，让自己得以获得情感层面的休息，偶尔让自己刻意地陷入混乱的状态，也是可行的。这对我来说，是心理治愈的必要过程，它可以帮助减轻压力，并提醒我，我不需要总是苛求自己把事情做对。花时间休息也提醒我，即使我不工作，仍然是有价值和值得的。当你完成了很多艰难的工作或治疗时，你就应该稍作休息，就像运动员在高强度训练之后要休息一样，情绪层面的休息就好比运动员在淡季时的休养生息。意识到这一点之后，我提醒自己，我不需要每时每刻都在不断地努力让自己变得更好，有的时候，哪怕搞砸了事情，好像也没什么大不了的。

我通过接受心理治疗而治愈了创伤。

我通过与那些让我的精神充满快乐的人在一起来治愈自己。

我通过尽可能多地对自己温柔以待来治愈，因为我可能会非常苛刻地批判自我。

我通过保持内心的完整性来实现治愈。

你想要什么和需要什么

在这个练习中，你将通过写日记来确定你的愿望和需要，以剖析你内心的小孩。我请你想一想，你在童年时，在情感上想要什么、需要什么，而你认为自己没有得到。

在空白日记页的上方写上“年幼时的自己”。

在下面画一个T形图，在一边贴上“想要的”，另一边贴上“需要的”，然后开始列出一个清单，交替填写T形图两边的空白，分享你第一时间想到的词语（不是短语）。写单词而不是短语，能够将你的注意力集中在最重要的事情上，而不是要分心去找出短语真正要表达什么意图。别担心，我们后续的练习会要求你罗列短语的。

设置一个两分钟的定时器，让自己自由地写作，这就要求你把笔放在纸上，不要停顿下来过度思考或修改任何东西。试着在两分钟内尽可能多地填满图表两侧的空白。你可以列出很短的清单，也可以列出很长的清单；不存在对或错的方法，只要你能够写就行。

与你的过去和解

回顾自己的人生，我们总会发现一些线索，提醒我们在哪些方面做得不够好，或彻底搞砸了，每个人都有一些无法引以为豪或不愿面对的过往。审视自己的过去，会令人感到畏惧，因为我们无法逃避那些做错了的事情，或给某些人带来的感情伤害，或重回过去，改掉那些我们心知对自己没有任何好处的坏习惯。我们中还有一些人会发现，审视自己的过程将导致巨大的痛苦，因为他们可能沦为了受害者，只想让这些耻辱和痛苦的记忆从人生中彻底消失。

没有人愿意主动寻求不舒服的感受，然而它却是对我们不得不忍受的人生挑战的致敬，也是对那些曾经的经历带来的意义的肯定，即使这些过往可能以最糟糕的方式改变了我们或伤害了我们。想要面对那些仍然令我们感到痛苦或受伤的东西，是很复杂的过程，我们想要治愈自己，却不知道从哪里开始，或如何开始。与自己的过去和解，要求我们勇敢地审视那些曾经一度令我们感到崩溃或动摇的一切，即使它现在依然令我们心生恐惧。

话说回来，即便我们的过去充满了苦痛，我们依然值得获得安慰和心灵的轻松。我们不能够一直沉浸于过去的创伤中。拒绝审视塑造了现在的我们的过往和历史，将导致我们无法进行深层次的疗愈。当我们能够摆脱过去的束缚与控制时，就能与真实的自己和平相处。我们的过去不再是敌人，而是难能可贵的老师，我们应该对它提供的人生指导秉持一个开放的态度。

为此，我鼓励你要对过去的恐惧和痛苦充满探索之心，要勇敢地直视它们，看看它们想要表达什么，允许自己尽可能以不带任何先入为主偏见的方式，坦然地接受人生给予的每一次经验和教训，并在思索和调整的过程中，保持放松和平静的心态。在你个人的心理治愈过程中，你能够为他人提供的灵活性和坦然的心态，也应该应用到自身的经历中。如果你所爱的人正在与他们充满痛苦的过去做斗争，你会怎么说？你会提供什么样的支持？你会如何展示你的爱，并尽可能地为他们而努力？你会如何倾听和保持足够的空间？那么，你也需要为自己提供同样的东西。你的人生目标应该是不断地学习和延伸自我，而不是因为苦痛而止步不前。

当我们学会与过去和平相处时，我们就打开了情感安全和自我信任的大门，使自己能够更深入地研究自己的人生。随着时间的推移，你甚至可以不再为自己的过去而惩罚自己。接受自己饱受创伤的心灵，就是接受整个完整的自我，而有意识的呼吸训练，可以帮助我们赶走羞耻感、内疚和怀疑等负面情绪，并用力量、和平和爱来取而代之。

绵长而舒缓的呼吸

在这个呼吸练习中，把注意力集中在一个自我信念，以及它对你的教导上。要学会拥抱这样的想法：你可以放开过去带来的羞耻和内疚，为自己提供爱、轻松和安慰。带着这些教训，邀请自己与过去和解。如果你感觉很难，请记住，如果你能在心里为平静留出空间，你也能为自信心留出空间，并轻松地应对人生的各种挑战。将此付诸实践，可能会令你感觉是一项艰巨的任务，但对于我们自己和独特的生活经历而言，总有一些东西需要学习。当你思考自己的自信心和如何为平静腾出空间时，请练习下面这个呼吸技巧。

你的吸气应该是绵长而缓慢的。呼气时，假装你在对着一根泡泡棒吹气，绵长而舒缓。这样重复四次、闭上眼睛、放松身体。你可以在坐着、躺着或走着的时候进行这个呼吸训练。

吸入自信心（绵长而舒缓）

呼出羞耻心（绵长而舒缓）

吸入内心的平静（绵长而舒缓）

呼出内疚（绵长而舒缓）

吸入自爱（绵长而舒缓）

呼出自我怀疑（绵长而舒缓）

缓慢的创伤治愈

芭芭拉·施密特（Barbara Schmidt）

我是一个执着于追求真理的人，并教导他人如何通过接纳真实的自己，来发现关于自己的真相。作为一个正念和冥想的实践者，我希望帮助人们意识到，他们与自己的关系才是人生中最重要的事情，因为这将是他们所做的一切的基础。

我个人的成长过程堪称一团糟，因为父母都是酒鬼，吵架也是家常便饭，我们家不仅很穷，还有五个孩子。作为家里最大的孩子，我总觉得自己是最不受欢迎的那一个。很小的时候我就觉得，我必须从一开始就是一个成年人的角色，所以我从来不觉得自己是个孩子，也没有所谓的童年。

在整个成长的过程中，我觉得无比孤独，因为除了家里人，我的父母不允许任何人到家里来做客，我在学校里也没几个朋友。每当妈妈喝醉时，我根本不敢想象放学回家之后有什么在等着我。在我看来，学校里的其他人都过着完美的生活，所以我必须对自己家庭的糟糕情况守口如瓶，我不希望别人看到年幼的我到底过着多么糟心的日子，不希望他人因此而同情我。

在这段艰难的时光里，唯一支撑我坚持下来的信念，就是我的信仰。我想着，如果我把每一件事都做对，神一定会认可我。但在我13岁的时候，我的生活再次遭遇了巨变，已经成年的叔叔搬过来和我们一起住，并对我进行了性虐待。

因为家里很穷，我们经常在快餐店解决吃饭问题。我记得我们经常去麦当劳蹭免费的饭，因为那时候麦当劳有一个政策，你的成绩单上每得一个A，它就会给你一个免费的汉堡包或一个奶酪汉堡。所以我一直努力争取每一门课都拿到A的成绩。有一次，麦当劳门口的牌子上写着“招募临时工”，我申请了，当时我只有14岁，但他们雇用了我，这改变了我的生活。后来，我同时兼职五份工作：在一家发廊里做洗头小妹；在麦当劳打临时工；送报纸；在一家服装店兼职售货员，以及为我的西班牙语老师打扫房子。只要这些工作能够让我走出家门、挣钱、远离虐待，我就去做。我记得自己当时的想法是：我已经分裂成两个人，一个是正在茁壮成长的人；一个是饱受痛苦和创伤折磨的人。

让我坚持生活下去的唯一方法，就是假装一切痛苦都没有发生，如果我停下来或放慢生活的脚步，痛苦的感觉就会席卷而来，令我无法承受。所以我把注意力完全集中在工作上，试图屏蔽掉羞耻和自我厌恶，我想通过工作来麻痹自己。如果我能尽可能多地保持忙碌和工作的状态，那么一切都会好起来，就好像我同时过着两种独立的生活，并假装在家庭里的生活和发生的一切都不存在。

尽管我内心遭受了许多不为人知的创伤和痛苦，但我依然是敬业的优秀员工，麦当劳的所有同事都很爱我，我也很爱他们。在工作中，一切都进展得非常顺利，我赚到了不少钱，把这些钱交给父母去维持全家的生计。我想这就是我的成功之路：在工作中做到最好，确保同事们都喜欢我。

这样的生活，在我16岁时又发生了变化，麦当劳门店将我提升为经理。升职加薪之后，我终于有足够的钱搬出去住。我提前从高中毕业，搬进了自己一个人住的公寓。我每周工作七天，能干多少活儿就干多少，简直就是职场的拼命三郎。有一段时间，我认为我做得很好，因为我是一个好员工，得到了所有同事的认可。我以我周围的人有多喜欢我来衡量自己的成功，我甚至没有想过我有多不喜欢自己。

在20世纪70年代末，麦当劳还有一项政策：如果麦当劳的雇员攒够了足够的资金，麦当劳公司会资助其员工，给予其一家门店三年的所有权和经营权。最终，我在22岁的时候就拥有了一家属于自己的麦当劳门店。我也是第一批得到这个机会的女性员工之一。这件事加速了我走向更极端的讨好型人格的步伐。发生在我身上的所有事情，加上严重的心理创伤，都被转移到我在外部世界里可能取得的一切成就，因为我坚定地认为，工作领域的肯定，是人生最重要的事情。

在我22岁的时候，有一天一个上级主管给我送来一份奖励，他说："芭芭拉，我们对你的工作非常满意，我们喜欢你所做的一切。但就我个人而言，我能够看出来，你真的热爱自己的工作，因为自我认识你以来，你一直在不断地增加分量（一语双关，也指体重增加）。"

但我只听见了他说的最后一句话，所有其他的东西我都没听见，他关于我的体重的评论让我感到沮丧。我把他给的奖励留在了店里，甚至不关注后来它去了哪里，在我的脑海中，主管说的话就是：因为你很胖，所以你不够好。

这时我患上了饮食失调的暴食症，这种症状持续了大概六年时间，直到我自己无法再独自应对。有一天早上，我醒来之后下不了床，我记得我当时对自己说：我今天不去上班了。在此之前，我从来没有错过一天的工作，或请过一天的病假。当时我的脑子里有一个声音告诉我：芭芭拉，如果你还不去寻求帮助，你会死掉。

我深埋于心底的所有创伤和痛苦，顺势透过这个缝隙迸裂而出，我再也无法隐藏它们，假装它们不存在了。我知道自己需要外界的帮助。我打开报纸，刚好看到一则新闻，报道了卡伦·卡朋特[1]如何在前一年死于厌食症的故事，而在那一页的背面，则是

[1] 美国著名流行音乐歌手及鼓手。20世纪70年代，她和她的哥哥理查·卡朋特一起创建了卡朋特乐队。——译者注

佛罗里达州那不勒斯的一个心理治疗中心的广告。

我打电话问治疗中心是否可以立即办理入住手续。我鼓起勇气，驱车前往那不勒斯，为自己办理了心理治疗手续，但我立即意识到，我可能犯了一个可怕的错误。我被安排在一个只有一张床的单间里，没有电视、没有电话、没有任何外界的干扰。他们告诉我，在六个星期内我不能给家里打电话。但后来，我在那里独自待了八个星期。我在那里的第一个晚上就哭了。我很害怕，但我也第一次感到自由。在这个治疗中心，我与新闻和世界上发生的一切完全隔绝，我把我的生活抛在脑后。有了这个喘息的机会，我就不用再不断地努力去迎合他人对我的看法，去满足他们想象中的我应该是什么样子，有什么样的行为或言谈举止了。这就是我的心理疗伤真正开始的时候。

我开始在心理治疗中释放情感上的痛苦、虐待、创伤，并修复与自己的关系。我的治疗师乔伊斯拯救了我的生活。她鼓励我敞开心扉，谈论我的情绪。在与她相处的过程中，我意识到自己已经变得如此的麻木，以至于我无法产生任何感受。这个过程中的反思十分复杂，充满了挑战性。在很长一段时间里，我仿佛没有任何人类的情感可言，活得就好像是一台只会工作的机器。通过与乔伊斯交谈，我开始释放内心所有疯狂的恐惧和焦虑，这些恐惧和焦虑我已经背负了大半辈子了。在此之前，我一直将它们完全掩埋在自己的内心里。

乔伊斯告诉我，我叔叔对我的性虐待，不是我的错。她问我是否想和我叔叔对质，还是想告诉我父母。我说“不”，她立即尊重了我的选择，并说：“我能感觉到，你已经得偿所愿，你也找到了不告诉他们这件事，但继续生活下去的办法。尽管我觉得这不符合你和他们的最佳利益。”

这里的心理治疗包括瑜伽、小组治疗、有意识的饮食、冥想和定期锻炼。我的治疗过程的一个重要部分，是找到一个让我有归属感的群体。八周后，我离开了这家治疗中心，但仍继续参加戒酒会和支持小组的活动。我找到了将瑜伽、治疗、冥想和运动纳入日常生活的方法。因为我最不想做的事情是回到原来的我，所以我做了所有可能的事情，以确保自己能够好起来。创伤的痊愈是一个缓慢的过程，并引导我开始从事当前的这份工作。

几十年来，我一直在断断续续地接受心理治疗。当我开始接受一个心理治疗师的治疗时，在我们的第一次治疗结束，他们都无一例外地回到了叔叔给我带来的创伤上，并表示我在这方面还有很多工作要做，这总是令我感到十分惊讶。我非常感谢心理治疗师的坚持和他们的专业，他们知道像这样的创伤需要多年的治疗，因为有一层又一层的创伤需要被挖掘出来，才能够最终释放真正的痛苦。

愈合内心深层的创伤，就像一层一层地剥开洋葱皮。可见的伤口越来越小，但在我们能够找到导致痛苦的核心之前，围绕着所发生事情的情感负担仍然存在。而可怕的是，这种负担会在我们的日常生活中，以意想不到的、非理性的方式出现（比如我有时候会无缘无故地对女儿大吼大叫；在午餐会上，当我是演讲嘉宾时，感觉自己不如别人；或者在我生命中最快乐的一天中，感到无比孤独）。每次我与治疗师谈论我的叔叔时，我都会把感受说出来，再剥开一层，直到最后，我终于找到了核心的痛苦源。

对我而言，这是一个真正强有力的"顿悟"时刻，一切都自此改变了，这就像一场地震掀开了地面，吞噬了我最后一点羞耻、自责和自我厌恶。在那一刻，我可以感觉到自己由内而外地发生了永远的改变。请记住，在我成长的过程中，自我有记忆以来，我不是在照顾我的弟弟妹妹，就是在工作；我没有"孩子一般的童年"，从来没有把自己看作是一个孩子。我一直觉得自己是一个能够照顾自己的成年人，知道自己不应该做出这样的选择，所以把自己想象成一个未成年人，一个像我女儿一样的14岁女孩，让我内心大为震撼。

宽恕不是给予他人的礼物，究其本质而言，除了你，宽恕与任何人都没有关系。宽恕是你为自己做的事情，使过去的事情不再对你有影响。但你不一定要达到彻底宽恕的地步，才能体验到其中的好处，在学会宽恕的过程中，每一步的进展都将使你感受到好处。正如我女儿米歇尔·马罗斯所说："宽恕并不意味着发生的事情是可接受的，但它意味着不要让已经发生的事情再继续夺走你的幸福。”

我用来治疗创伤的一个工具，是默写咒语。每次写咒语的时候，我都会在页面顶部写下我的担忧或问题。在治愈这个创伤时，我只写下了“叔叔”这个词。我设定的意图是，宽恕和释放所有使我与已经发生的事情牢牢绑定在一起的负能量。我将一遍又一遍地写下“神和我的一切”这个咒语，将我的全部注意力集中在它上面。每当我的思绪开始徘徊时，我就会把它带回这个咒语和它背后的意图，即从叔叔造成的创伤中治愈自己。

在我第一次开始这种练习时，我会变得情绪非常激动，认为他不值得我原谅。我甚至怀疑自己是否真的需要这样做。有时，在练习的过程中，过去痛苦的记忆和难以处理的情绪会涌现出来。有的时候我只能写几行字，有的时候我可以写满四五页纸。对我来说，创伤治疗不可或缺的一部分，是每天坚持回到我的意图——原谅他人和推动生活继续向前迈进。咒语写作帮助我坦然地面对各种艰难的情绪，而不是逃避。渐渐地，我感到了一种释放。

现在，我已经彻底从当年的事件中解脱出来。当性虐待的话题出现时，我不再感到负面情绪被触发。在我的创伤治疗过程中，最后一个阶段是学会原谅自己。最终，我能够放下总是认为自己有问题的错误想法，因此：

我通过冥想来治愈。

我通过心理治疗来治愈。

我通过写作来治愈。

我通过教导他人来治愈。

去往令自己感觉良好的地方

2021年9月，我开始每天步行。对自己做出并遵守这一承诺，是我多年来成长的证明。当时，我感觉生活中的一切都非常苛刻和沉重，我不知道如何为自己提供任何形式的缓解。生活很充实，工作很忙碌，但我却很难融入生活，找到存在的价值。读了一本叫《做/走》（*Do/Walk*）的书后，仿佛打开了我内心的一个闸门，这本书给我带来了颠覆性的影响。我不知道这本书会改变我与我的身体、我的思想和我的创伤治疗的关系。我从未想过，开始步行练习会极大地转变我的人生，改变我存在的方式。毫无疑问，这本书使我永远改变了，而且从此在更深层次上挖掘个人的创伤治疗。在步行的过程中，我有时大哭，有时大笑，有时找到了内心的平静。在情感上，每一个阶段都涌现了一些事情，这些事情是我在静止状态下不可能处理的。而通过步行，每天与自己重新建立联系，正是我需要的礼物。

散步使我头脑清醒，并为我打开与自己建立联系的新途径和道路。沿途的沉默是一种解放，大自然总是充满无穷的魅力，而不同的天气每天都会带来不同的情绪。即使在我最糟糕的日子里，我也会坚持户外散步。这种始终如一的习惯，有助于重新引导我的能量，并提醒我欢迎感激之情进入我的空间，它还提醒我继续前进。当我走到一半就想回家的时候，没有快速放弃的捷径，即使我决定加快步伐或跑起来，也没有更简单的方法让自己更快地回到家里。每次散步都提醒我，生活就是一步又一步脚踏实地地往前走。我通过一个类似的角度来看待创伤的治愈。回归真实的自我，也是一个循序渐进的过程。加快步伐并不会使我更靠近自己，因为我可能会因为过于匆忙而错过沿途一些宝贵的东西。

在散步的过程中剖析自己的想法，已经成为我的日常。在动笔写作之前，我会先去户外散步。在散步时，我会观察自然界中无处不在的各种小细节。我会经常抬头看，密切地关注自己在那一刻产生的感觉、动作和存在的意义。散步之后再回归写作的日常，我就会觉得，对我去过的每个地方，我都充满了新的洞察力和从容的姿态，而不仅仅局限于那天早上散步去过的地方。

面对我内心的痛点和创伤，我有意的移动和呼吸会提醒我，在简单的事情上也可以获得创伤的治愈效果。我们不一定非要在垫子上冥想或跪地祈祷，才能找到我们所寻找的答案。有些时候，我们必须慢慢地、富有同情心地把一只脚放在另一只脚前面，哪怕看不到目的地何在。《做/走》一书的作者利比·迪拉娜（后来成了我的朋友）写道："轻轻地走，放慢脚步，抬头看天，谦虚地学习。"当我进一步走入个人的创伤治疗和接近我自己时，她的话经常出现在我的脑海中。当我无法再通过写作处理我的想法时，我就出去散步，我鼓励我的思想去它感觉良好的地方。当我们能够在生活中拥抱轻松的感觉时，试图立即解决所有问题的压力就会得到消除。户外散步使我能够充分地融入当下的生活，以更柔和的态度和思维来分析我的感觉、思想和情绪。它还提醒我，我和自己在一起是安全的，可以信任我自己选择的人生道路。

创伤治愈将会揭示我们内心的很多东西，在情感上，在找到真正的立足点之前，我们可能会感觉手足无措。而我能够提供的建议是，在寻求创伤治愈的过程中，在生活中找到一个能够带给你平静的做法，让它营造一种与个人的故事关联的感觉，无论是过去、现在还是未来的联系感。当然，你也不需要总是停留在一个深刻地处理情绪的状态，要学会拥抱那些不需要繁重工作的、缓慢而平静的疗伤时刻。也许你可以像我一样，尝试有意识的步行训练，或者你可以从绘画、烹饪、园艺或柔术中找到平静的感觉。无论你选择什么方法或路径，要确保为自己提供足够的空间和时间，让你在没有任何紧急事件需要去完成的情况下，充分地舒展和探索自身的情绪。请为你自己留出一个令自己感觉良好的空间。

我们不能永远逃避那些让自己感到恐惧的事情。仅仅是因为期望它已经结束而仓促行事，对我们也没有好处。我们可以尝试逃避艰苦的努力，但这样做有什么好处呢？我们不能压制自身的痛苦，并期望自己永远都不会因此而崩溃。相反，在这个疗伤的旅程中，找到感觉良好和安全的东西，是取得进展的关键。如果你不能写作，因为感觉你的声音被卡在喉咙里，那就做一些其他事情，它们将同样为你提供归属感、避难所和安慰。尽可能地确保你的疗伤方法符合自身的情况和需求，你不一定非要通过写作解开你灵魂深处的负担。有时，你只是需要一个柔软的地方，让你的身心得到恢复，让自己感觉安心，相信自己可以渡过难关。

我们在努力治愈创伤和面对出现的困难事情时，有时候会感觉毫无进展。接下来的这个呼吸练习，将增加你在情绪和身体层面的灵活性，在你需要的时候，给你一个柔软的地方着陆。

起伏式呼吸训练

深入我们的治疗中，意味着感受一切的起伏。这个呼吸练习非常适合让你抛开各种纷杂的思绪，专注于你的身体。这是一种接地气的呼吸，鼓励你更深入地专注于腹部呼吸并释放停滞的感觉。

以一个舒适的姿势坐在地板或垫子上，背部需要有支撑。

吸气时将你的手放在你的腹部。

吸气时，身体前倾，感受腹部的挺起。

呼气时，把气挤出来，弯曲脊柱，同时向后倾斜，呼出腹部的空气。

重复这个呼吸模式六次。慢慢地、有意识地做。在呼吸时，设想自己处于一个和平、平静和轻松的地方。即使今天在你的生活中感到坎坷，你也可以随时回到你的呼吸中。

给年轻的自己的经验和信件

使用自我肯定的表述，使其成为一种习惯，是我从未面临过的全新挑战，因为我早已非常习惯于对自己说负面的话，以至于用肯定或赞扬的语言来描绘自己，变成了有违常理的事情。尽管在这个转变的过程中我需要克服很大的困难，但我知道，唯一能够让我面对真实的自己的道路，将要求我有意识地转变思维，不要再继续贬低和指责自己。在我的人生中，我曾后悔过很多事情，并希望自己从未做过，但沉湎于过去并不会为我现在和未来的成长提供支持。我发现，对成年后的自己给予肯定非常具有挑战性，因为我总是责骂成年的自己，埋怨她永远都不知道怎么做，或怎么去做好事情。多年来，给年轻时候的自己写信，就成了一个帮助我体面地面对过去，找到自我同情的一个方法。如果你愿意，你可以成为年轻的自己的人生导师。

滋养自己内在小孩的实践也改变了我，这个方法不仅向我展示了与自己建立关爱关系的可能性，而且还让我以全新的方式实现了自我安慰。它促使我像对我关心和爱护的人那样，与自己交谈，并专注于自己写到纸面上的那些关于童年的信息，无论是好的还是坏的，同时鼓励我有意识地把握自己治愈创伤的节奏。它让我放慢了生活的脚步，关心和倾听自己内心的声音，这就好像掌握了一门我必须要学会的新语言。

在这条成长、宽恕和关爱自己的道路上，我意识到，当我们致力于情绪的恢复时，就要努力学会不加评判地看待自己，因为憎恨自己并不能帮助我们痊愈创伤，反而会阻碍我们成长，使我们变得渺小。安慰我们内心受伤的孩子，宽恕自己身上的缺点，改掉下意识自责的习惯，并选择重新开始，可以给我们带来新的身份感和生活的美好。

每个人生来都具备完成这项任务、过上幸福生活和实现自爱的能力。我们在成长的过程中，在情感和物质上可能求而不得很多东西，但这并不意味着我们不值得拥有它们，也不意味着我们天生就应该忍受那些痛苦或折磨。我们不能一直自欺欺人地逃避那些令我们感到心碎的东西。当我终于学会不再为自己的所作所为而自我苛责时，才真正开始对个人的发展和自我培养的可能性保持了开放的心态。因此，我经常与年幼的自己分享的一个经验就是：勇敢地走进内心深处的黑暗之地，把它彻底地暴露出来，并拒绝在沉默中忍耐痛苦。

通过倾听我们在过去和现在的需求，我们可以重新培养自己，这个过程将彻底改变我们的人生。在我成长的过程中，没有人愿意倾听我的需求，没有人愿意全身心地带着理解和关怀的意识来倾听我。因此，在我重新教育内心年幼的自己时，我努力地学习如何倾听自己的需求和欲望，包括今天和过去年轻的自己的需求和欲望。通过展示当前自我的需求，我们可以弥补自己在童年时期缺乏的东西。我们可以改变自己对过去的看法，从新的角度发掘自己一路走来的成长和收获。现在，作为成年人，我们可以决定自己未来要如何学习和成长。

写给自己的话

我想请你在接下来的一个月里，每一周都给自己写一张纸条。每周选一天（我个人很喜欢在周日给自己写信）来写，并且每次都要预留一些时间来思考和探索。信的长短并不重要，它可以很长，也可以很简短，只要你乐意就行。在这里唯一要注意的一点是，尽管写信的过程可能会遭遇困难，但你要始终保持对自己的坦诚。保持放松的心情去写信，然后顺其自然地完成。这个练习有可能会让你感受到顿悟的时刻，决定你未来的发展方向。你只需要遵循内心的指南针即可。

或许在写信时，你刚刚经历了艰难的一周，你可以考虑利用当前面临的逆境，作为一个反思的机会，想一想在你年轻的时候，如果发生了同样的事情，你能够做些什么来支持自己。又或者，你度过了美妙的一周，在写信时你就可以让自己充分感受这种喜悦，并庆祝所有美好的事情。你会对年轻时的自己说什么，让自己充分地享受人生的轻松与快乐？利用这些信作为一个引导自己剖析内心的机会。

下面是一些可供参考的提示。请记住，在写完之后不要自我修改，只管写下自己当下的思绪即可。

亲爱的自己，感谢你成为……

亲爱的自己，我为你的……而感到骄傲。

亲爱的自己，我知道这些事情给人的感觉是……

亲爱的自己，你值得获得……

一层一层地治愈创伤

塔比莎·布朗（Tabitha Brown）

作者：你是谁，你是做什么的？

塔比莎：我是塔比莎·布朗。我是一个妻子、女人和母亲。我通过做真实的和自由的自己来传播爱。有些人会说，我是一个艺人。我同时也是一个演员和美食家。

作者：创伤治愈是如何在你的生活中显现的？是否有什么特别的东西塑造了你，驱使你去做最多的疗愈？

塔比莎：我将创伤的治愈视为一段旅程，它没有一个永久的终点，而是一个持续不断的过程。对我来说，创伤的治愈始于2016年，当时我生病了，心理出了点问题，我总是感觉不舒服，总感觉有东西在攻击我的身体，应该是某种自身免疫性疾病，但医生们没有办法确诊，也搞不清楚我到底出了什么问题。在那段时间里，我感觉自己的精神也不太正常了，我患上了很严重的抑郁症和焦虑症。2017年在我的浴室里进行了我称之为“与上天的最后对话”后，我说：“上天啊，如果你治愈了我，你可以拥有我。我不会再试图以我的方式生活；我将按照你创造我的方式生活。”

我当天说的话是发自肺腑的，从那天之后的每一天，我仿佛都在脱掉一层外壳。我感觉我身体里的疾病之所以存在，是因为我没有成为真实的自己，所以我无法呼吸，真实的我感到喘不过气来，她感到窒息。

当我开始脱掉那些层层叠叠强加在我身上的东西，并选择治愈和自由的时候，我的整个生活开始改变。从那时起，我一直在这样做，我给自己提供的最好的东西，就是自由的存在，而这本身就是一种治愈。我永远不会停止创伤的治愈，直到我生命的终点，我有义务一直保持这个治愈的空间。

作者：你提到了剥开不同层级的创伤，那么你现在处于哪一层？

塔比莎：我目前处在理解层。就好像我经历了一些事情，但不明白为什么会发生，在渡过难关之后，在生活达到了一个新的高度之后，在找到了内心的平静之后，回首过去时，你就会获得新的理解，并终于明白它们为什么会发生。通常我们会意识到，这些事情的发生，是为了教会我们一些道理。我现在已经达到了理解的层次，因为人们会看着我的生活说，“你正在实现人生的梦想，这么多令人惊叹的事情在你的人生中实现了”。

的确，令人惊叹的好事正在发生，我为此也充满了感激之情，但我现在可以清楚地看到，为什么上天要让我经历这些不同的人生阶段。过去的我常常无法理解生命中发生的事情，总是怨天尤人，但我现在知道，这一路的经历与磨难，就是为了让我有朝一日能够获得今天这样的理解。我对自己当前的生活层次感到兴奋，因为每当我运用理解的能力回顾人生时，新的经验和教训就浮现了。

作者：在新冠疫情肆虐期间，什么事件促使你更深入地研究自己的创伤治愈过程？

塔比莎：在新冠疫情肆虐期间，我第一次登录了抖音。我本来不想用抖音，因为我觉得这是一个年轻人玩的东西，但我女儿说服了我。最后我下载了这个应用程序，开始上传我烹饪的视频。有一天，我发布了一个鼓舞人心的视频，引起了人们的共鸣。我看了看评论，人们关于爱的表述是惊人的，他们说，“这是一条专门传递给我的信息”“你的声音听起来像一个温暖的拥抱”。所有这些评论让我意识到，当我们鼓励别人时，我们也在鼓励自己，做鼓舞人心的视频有助于我帮助自己。

我承担了制作这些激励人心视频的责任，因为我觉得这个世界需要这些激励。在新冠肆虐，每个人都感到惶惶不安的时候，我选择为他人，同时也为自己站出来，做一些力所能及的事情，而且我做到了每一天都这样做。我每天都会发布一个视频，不管是做饭的，还是激励人心的演讲视频，不管是让人们开怀大笑，还是因心有感触而泪流满面，这都是很有意义的事情，因为它教会我如何保持耐心，教会我如何静下心来，教会我如何去更多地倾听，还教会我如何通过展示自己治愈他人。

让他人感觉更好，是一种美和一种力量。在我的职业生涯中，曾有过一段时间，我工作的目的不是让自己感到自豪，而是因为我需要支付衣食住行的开销。但做这些视频让我感到自豪，它们治愈了我内心的一部分创伤，我曾经因为自己过去做的一些没有任何意义的工作而感到羞愧，我必须要达到理解的层次，才能够醒悟到这一点。如果我没有做过这些令我自己无法感到自豪的事情，我就不会理解我现在正在做的有益于创伤治愈的事情给我带来的完整感。这就是我的发现，它使我成为一个更好的女性，一个更好的妻子和更好的母亲。我现在更加清晰地了解了自己的人生价值和目标。

作者：你用什么创造性的方式来治愈创伤？

塔比莎：我会与已经离世的母亲对话，就好像她仍然活着并在我身边那样。在她去世之前，她告诉我，不管我在什么地方需要她，她一定会出现。她说："无论何时，只要你需要释放情绪、与我对话或感知我的存在，你可以直接开口说话，因为我一定会在你的身边。"因此，在事情进展顺利时，我会告诉母亲；在诸事不顺时，我依然会跟她对话。无论我身在何处，总是能够从我们的对话中找到安慰，并时刻牢记妈妈一直在我身边，不管我在什么地方需要她的出现。在我需要安抚的时候，这些对话能够帮助我抚平创伤。与我的妈妈交谈，并呼唤她的精神，是我一直以来用来实施治愈和控制悲伤的一个工具，这也是我感恩母亲的存在，并承认不管她是否活着，她依然与我同在的方式。

作者：自从你母亲去世后，你与信仰的关系是否发生了变化，如果是的话，在哪些方面发生了变化？

塔比莎：我母亲去世后，我的信仰变得更加坚定。她患有ALS（肌萎缩性脊髓侧索硬化症，又称卢伽雷氏病），我们知道她将会死去。在她生命的最后阶段，她基本上是被困在自己的身体里。除了嘴唇和眼睛，其他地方都动不了。她是在一个星期天去世的，她去世前的一个星期五，我在医院守着她过夜。当我在星期五早上醒来时，她用嘴唇示意，并告诉我她将在星期天回家。我误以为是在我睡着的时候，医生来告诉她可以出院回家了。我问她："医生告诉你星期天可以回家吗？"然后我仔细地盯着她的嘴唇看，她说"不是"，她抬头看了看天空，似乎是在告诉我，"我要回家，回到天堂去，就在星期天"。

当时医院用仪器维持着母亲的生命体征，而我有权力决定是否摘掉机器。所以我问她，"妈妈，你确定你想要摘掉这些仪器吗"？她明确地告诉我，"是的，老天爷说我是时候离开了"。

妈妈吩咐我在她离去之前，给所有的亲朋好友打电话，请他们来与她告别。医生进来查房的时候，我把母亲的决定告诉了他。医生说，在摘掉仪器时，亲属不应该在病房里，因为她生命的最后时刻一定会很挣扎，她会开始抽搐不停。我母亲表示了反对，她希望所有人都在病房里陪着她度过人生的最后时刻，她反驳了医生的建议。

到了星期天，维持生命体征的仪器和病房里的灯光都被关掉了，我们三十几个人聚集在病房里唱着歌，庆祝她的生命。整个过程是如此平静，以至于我们甚至不知道她已经离去。她没有挣扎到生命的最后一刻，她的身体也没有一丝摇晃，她没有做任何的挣扎，她只是笑了笑然后安然离去，医生们都惊呆了。这次经历使我对我的信仰有了更坚定的信念，让我意识到，我与另一个世界的联系如此紧密。

作者：情感上的休息，是如何为你的创伤治愈加油鼓劲的？

塔比莎：当你了解自己，了解自己想要什么，了解自己能承受什么，不能承受什么的时候，你就可以花一分钟时间来暂停和思考。我和自己的联系非常紧密，我一直都把自己的需求放在第一位。我知道什么时候事情对我不利，什么时候它们扰乱了我的精神，然后我会给自己一个空间来休息和治愈。当糟糕的事情持续存在或不断地困扰我时，我不会忽视它们或表现得好像它们不存在。我会谈论它们、解决它们，这样我就不会让它们一直停留在我的身体里，因为这些负担过于沉重，是我无法背负的。情感上的休息，是学会关注什么是你的，什么不是。当我们抓着不属于我们的东西不放时，它们就会破坏我们的休息，无论是身体上还是情感上的休息。在我是谁的问题上，保持与自己的紧密联系和开放的心态，给我带来了内心的平静、情绪上的休息和生活中需要的确定感。

作者：你是如何实现治愈的？

塔比莎：我通过保持对自己的忠诚来实现治愈。

第五部分

如何治愈你的心灵

每个人都在处理一些无法言说和不可触及的事情，其中一些事情给人的负担比其他事情更严重。如果说写作和创伤治愈教会了我什么，那就是生而为人并不容易，而我们能做的，就是尽最大的努力去过好这一生。我们的经历将伴随我们一生，不管是伤害我们还是治愈我们。我们感到心碎、悲伤会突袭而来，而经历过这一切之后，我们会找到勇气，勇敢地面对人生的狂风暴雨，并义无反顾地继续生活。

即便在我们感觉最脆弱的时候，坚韧依然是烙印在我们骨子里的品质。我最经常提醒自己牢记的一点是，我并不需要时时刻刻都假装自己很好。通过写作来探索自身创伤的治愈过程，让我看到了与痛苦同在、不需要装腔作势和把握治愈节奏的重要性。创伤的治愈，就像生活一样，是一个不间断的实践和过程，为我提供了一个关于真实自我的镜像。时刻牢记这一点，提醒我看到了他人身上的人性和治愈。每个人都在努力地应对起伏的情绪、强烈的感受和深层次的痛苦，但选择的路径可能各不相同。

几年前，当我还住在第二套公寓时，我见过一个女人，她看起来从来没有开怀过。她一点儿也不讨人喜欢，人们管她叫“刻薄女士”。她的名字叫宝拉，宝拉女士经常坐在公寓的前台小声地嘀咕。在“刻薄女士”收拾东西下班之后，我们都熟悉了“卑鄙的自我”这个描述她的短语。每次看到她，我都会微笑着和她说话。在她眼里，我可能是最令人讨厌的人，但我并不在乎。她会面无表情地看着我，很少打招呼；即使她开口说话，也是几乎听不清的喃喃自语，显然是出于必须回应些什么的社交义务。她的脸上常年挂着愤怒的表情，看起来很受伤，而且不知所措。她的女儿，七八岁的样子，却总是散发着阳光而积极的正能量，紧紧抱着她的母亲。看起来就好像这个母亲的任务，就是保护女儿免受什么东西或人的伤害。

我常常会猜想，她正在经历什么、她的感觉如何，什么东西在让她感到痛苦。与这位看起来不好相处的邻居反复打交道的经历使我认识到，我们永远不知道人们正在经历什么。每一次嘲笑、每一次翻白眼、每一次咬牙切齿，我都有切身的感受，我为她感到心碎。

我丈夫会说：“不要再和她说话了。”我笑着说：“不，她总有一天会回应我的。”因为在内心身处，我感觉到与她的深刻联系与共鸣，因为我也曾经历过满脸只剩下愤怒的人生黑暗时刻，我感到如此愤怒，以至于想要烧掉整栋建筑，我感觉生活辜负了我，以至于我想对每一个敢于看向我的陌生路人大吼：“去你的，你的快乐和你的完美生活！”

有时，我会在电梯里看到她向电梯走来，然后纠结着要不要进来。我猜她心里在想，“又是那个三楼的健谈女士”。但我还是会按住电梯门等着她，她很不情愿地走进来。最后，我不再打招呼，只是对她笑笑。我想我可以在不自私地试图强迫她和我说话的情况下，继续保持热情。

有一天，我对她笑了笑，她也对我笑了笑，我差点因为惊讶而跌倒。因为她的沉默和脸上显而易见的痛苦已经持续了好几个月，我都习以为常了。现在，我好奇是什么改变了她，是什么软化了她的痛苦与愤怒，到底发生了什么事情，让她愿意回我以微笑？我为这个陌生人感到高兴，而且很奇怪地感受到了一种姐妹般的情谊。我试图延续这种好运气，开口说：“天气还不错，对吧？”那时候，外面的天气真的很好，不算很热，还有微风拂面，大朵大朵的白云在天空飘荡，春天的花儿刚开始吐出花蕊。看到她的好心情，我的心情也变得很好。她回答说，“是啊，今天是个好日子”。她朝着我的方向，点了点头，跟我进行了眼神的交流。“是啊，是啊，真是个好天儿。”我笑着说，走进了自己的公寓。回到家后，我对丈夫说，“刚刚，‘刻薄女士’跟我说话了！”我简直欣喜若狂，“而且我不觉得她很刻薄，我觉得她之所以表现成那样，是因为她正在受到伤害。”丈夫看着我，说：“那挺好的，亲爱的。”

这次交流之后，我对她更好奇了，我想知道她是不是离婚了，或者丧偶了？她是不是被逼无奈离开了之前的家搬到这里来？她目睹了什么令她崩溃的事情？她是如何治愈自己，并重新开始生活的？用我丈夫的话来说，我这纯属多管闲事，但我真的感到特别好奇，我想要知道她的故事，但是又不敢问，也不敢轻易地跨过这个界限。从此之后，我继续在看到她时朝她微笑，但此后我们再也没有开口交流过，她对我很热情，更加的开放，我的出现不再令她感到暴躁或惊恐，而更像是一种“我看到你了”和“谢谢你”的无言理解和默契。

我们最终搬离了这栋大楼，这些年来我多次想起她和她的女儿，也想知道她过得怎么样了。每当她们出现在我的脑海中时，我都会做一个小小的祈祷，送上一个小小的微笑。当我想到她对我的恼怒时，我笑了。我想知道她是否讲述了关于我的故事，那个总是想打招呼和微笑的女士。我希望她感觉到，哪怕是一瞬间，她也能感受到，我们在这一生中从不孤单，即使我们动不动就觉得自己被生活打败。

见证心灵的愈合、精神的复苏，是很有趣的体验，即使这发生在遥远的地方，即使我们并不熟悉这个人。在见证他人的伤害和治愈时，我们可以在一个更深、更有意义的层面上看到自己的治愈。这让我想起了当我们选择成为一面镜子，行走在这个世界上时可以呈现的美丽。如果我们对自己的行动、生活和对周围环境的看法没有调整或不予关注，那么可能会错失很多东西。我们会错过与电梯里的陌生人建立联系、传递关爱和相互微笑的机会，但他们可能非常需要我们这样做。我们也会错过自省的时机，错过对自己能够顺利走到今天的感激之情。

我本可以轻易地讨厌这个邻居，换成是以前那个没有治愈的我，很可能以敌意回击她的愤怒，但这对我们双方都没有好处。她需要的是仁慈、平静，以及有人能看到她的存在。我知道这是真的，因为我也曾经历过这样的阶段。在我的生活中，我也曾经受过伤，也曾经像一只刺猬一样竖起敌意面对外面的世界。但打心底里我只是希望有人能看到我，用他们的眼睛微笑，用他们的肢体语言告诉我，我并不孤单。只需要这样，我身上沉重的负担就能够减轻。

感觉自己很孤独，是很难纾解的情绪，而孤独本身也很难应对，再加上“生活不会变得更好”的消极想法，则会使前述二者变本加厉。

我衷心地希望这位曾经的邻居现在过上了开心的日子，我希望她在人生最艰难的日子里，感到被看到、安全和支持。治愈内心的创伤，不仅仅是一个人的行为，而是一个集体的任务，当我们在治愈时，我们给其他人以许可，让他们也这样做。能做到以身作则、由己及人，尤其是在你经历过风暴之后，是我们给周围世界的一个礼物。这是对那些看到我们存在的人的点头示意。请你相信，不管当前的生活多么黑暗，光明将再次照耀，即使今天的生活令你感觉沉重，它也不会永远是黑暗或孤独的。

在感恩中成长

2020年末，我的焦虑症发作了，我开始彻夜失眠、焦虑到不停地拔自己头发，并发自内心地感到混乱和无措。我感到彻底的迷失，觉得走投无路。我已经很多年没有这么沮丧、倦怠和情绪低落了。我唯一能想到的是，为能多活一天而感到感激，但即使是这样也很难做到。我知道接下来这些话可能听起来很老套：但当你觉得你什么都没有了时，你还有呼吸。即使我们觉得事情不可能变得更糟，事情也可能变得更糟。坚持这种观点给了迷茫中的我一丝希望。

在这段时间里，创伤的治愈有了一个全新的形式。我以前也经历过抑郁症的低谷，但这一次有所不同，我已经结婚了，有了三个孩子，事业蒸蒸日上，还有很多事情需要处理和关注。在这么幸福的状态下，试图治愈创伤、恢复情绪健康听起来很荒谬，因为我有太多更重要的事情需要先完成。我试图寻找一个中间的缓冲地带，但最终决定从小处着手。开始每天罗列一个感恩清单，是我迈出的第一步，以消除内心的痛苦。第二步是与医生讨论药物治疗方案，因为我不能继续用“我明天就会好”的希望，来平息身体层面感受到的痛苦。深陷抑郁症的低谷已经好几个月了，这个“会更好”的明天从未到来，我必须改变自己应对的方案。

起初，我对自己不得不重新开始而感到恼火。我内心的批评者喜欢告诉我，我应该知道更好的做法，例如她会说：

如果你一开始就照顾好自己，你就不会沦落到今天这个地步。
你喜欢突破自己的极限，不是吗？
为什么你不能从你过去的错误中学习？
你是不是有什么毛病？

让内心的负面声音安静下来需要很大的耐心。我曾一度想要放弃，成天躺在床上，希望自己消失在空气中。起床变成了一件难事，而活在当下几乎成了不可能。拥有一个初学者的头脑并不像我听帕玛·丘卓说的那样是一种命运的馈赠；事实上，它给人的感觉截然相反。但是，如果创伤治愈教会了我什么，那就是我必须保持开放的学习态度。

练习感恩使我的生活变得更好。在药物和日记的帮助下，我开始从小事中看到光明，比如有足够的力量下床，或吃一顿有营养的饭。在一些特别糟糕的日子里，这些简单的事情对我而言就是里程碑式的重大成就，我的抑郁症和焦虑症让我如此沮丧，以至于我的日子过得浑浑噩噩，我根本无法融入现实世界的生活，根本不记得自己什么时候是清醒的，什么时候是昏睡的。

在这段时间里，我发现了一本由克里斯蒂·纳尔逊撰写的名为《感恩醒来》的书，这本书将进一步帮助我恢复，成为一个更加治愈和感知到存在的自己。书中有一句话我永远不会忘记："感恩是一种存在方式，它帮助我们集中注意力，把感恩之心作为指南针，引导我们生活的方向。感恩是伟大的，但感恩的心更伟大。"重新定义感恩和表达感恩的含义，彻底地颠覆了我的思维方式。我一直都做错了，我没有集中精力生活，我没有找到生命的存在感，正因如此，我无法看到自己的道路，也无法相信转角处会有转机。当我们对我们所拥有的一切表示感激时，即使我们深陷焦虑和悲伤的浪潮中，也学会了如何更好地应对，我们学会了如何在逆境中坚持更长时间。

这段话让我看到了即使深陷痛苦也依然坚强生活的可能性。它提醒我，生活每天给我们提供的东西，都有好处和坏处并存的双重性。当涉及伤痛的治愈时，不存在非黑即白的绝对性。很多伤痛的治愈都发生在中间的灰色地带。我会告诉我的学生和客户，让他们尽可能地适应创伤治愈的中间阶段，这里也有值得学习的经验和教训。有时候，我们不一定非要彻底崩溃，才能够体验到创伤治愈的感觉，我们并不总是需要遭遇重创后痊愈，才能体验到人生的完整。有的时候，我们会长期处于这个中间的阶段，并接受除了坦然地面对、保持冷静和感恩之外别无他法的事实。

感到被黑暗吞噬是一个明确的信号，促使我积极地审视自己，并学会找到真实的存在感。我需要关注很多事情，比如我一直不太尊重自己的个人界限。在一些黑暗的日子里，我会在日记中写下“我很感激今天我没有抛弃自己”，或者“我很感激我尊重了自己的界限”。正是这些简短的表述吸引我的注意力，让我仔细观察，是什么将我拉回了那些黑暗的地方。我的感恩练习，并不是可有可无的存在，也不是他人强迫我去做的事情；它是我的生命线，是我需要的鼓励，让我可以直面内心的动荡，告诉我自己，我看到你了。

爱丽丝·沃克[1]曾经说过：“‘谢谢你’是一个人能说出的最好的祈祷。它表达了极度的感激、谦逊和理解。”我想在自己身上体现出感恩。我们经常向别人表示感谢，但很少对自己抱有赞赏的态度。我一直在为其他人做很多事情，却没有注意到自己，更不用说向自己提供感恩的礼物了。这几乎就像我忽略了自己，只为了保持与其他人的联系，履行自己对他人的承诺，我没能在优先考虑自己和为我周围的人服务之间找到任何平衡。我就是一个活生生的例子，即以牺牲自己为代价，全身心地投入一件事，到头来对谁都没有好处。感恩练习告诉我如何关注自己的生活，密切关注那些微小的快乐时刻，而不仅仅是重大的人生转变。这是因为如果我们不密切关注自己，就会错过眼前的东西。

---

[1] 美国黑人小说家、诗人、短篇小说作家。沃克的小说关注黑人妇女在性别和种族歧视的社会中为自由、宗教信仰、尊严和生存进行的抗争。她的主要题材是人类精神的韧性。长篇小说《紫色》（1982年）在1983年获得小说类普利策奖。——译者注

感恩现在已经成为我个人心理健康实践的核心做法。感恩让我产生对自己的责任感，让我保持活在当下的状态，欢迎我产生好奇心，并提醒我不要将自己仅有一次的生命视为理所当然。在度过生命的黑暗季节时，我会提醒自己，每当我感到悲伤或痛苦时，我仍然有价值，仍然要记得感恩。对生命给予的磨难心存感激，听起来有悖常理，但如果没有这些困难和波折，我们就不知道韧性是什么。而想要品尝快乐的滋味，可能先要尝尽痛苦的折磨，正如佛语有云，“众生皆苦”。感恩成为一种推动力，让我们时刻牢记自己的生命力，这样我们就能够知道快乐是什么，并在快乐出现的时候发现它的身影。如果我们没有关注自身，就不会拥有足够的活力去感受、看到和听到生命给予的一切，无论是美好的，还是痛苦的。

感恩并不仅仅是盘点生命中美好的事物，而是要求你在内心、思想和身体中腾出空间，体验平凡的事情。全身心地投入生活，保持自己的存在感是一个邀请，它请你优先考虑自己的生活需求，确保你给自己留出足够的时间和空间，成为你想要成为的人。如果我们垂头丧气，就有可能错过重要的人生时刻；如果我们拒绝从自认为了解的痛苦中解脱出来，就无法看到任何希望。没错，你需要静下心去体悟人生给予的各种感受，但同时也要让自己偶尔休息一下，不要总是时刻想着如何确保自己不受到任何伤害。你当前遭遇的人生低谷，必然不会是最后一次，但熬过所有苦痛的满足感，会一次又一次地强大你的内心，充实你的生命。即使你遭遇仿佛看不到出路的困境，也不要怀疑自己一路走来所取得的成就。

对话练习：持续30天的感恩练习

在你的日记本或手机上创建一个感恩清单，每天早晚各记下一件你需要感恩的事情。邀请一位朋友在接下来的30天里，和你一起做这件事。约定好每天给彼此发一条短信或打一个简短的电话，谈谈各自应该感到感激的事情。记下你在第一天开始和30天结束时的感受。与朋友谈论一下你坚持练习的难易程度；观察哪些词或事物出现了很多次，并谈谈背后的原因。这个练习邀请你和你的亲朋好友一起，不仅密切关注你的情绪，而且关注你的生活。它给了你一个暂停的时刻去进行反思并获得重新出发的底气。

培养感恩的能力

脑海中回想一个令你感到困难或挑战的事情：也许是你与所爱的人进行的一次艰难的对话，或者你需要在工作中为自己辩护；又或者，也许像我一样，你在心理健康方面经历了一段困难时期。让自己有意识地想一想这些事情，并以感恩的心态迎接任何想到的事情。如果感觉很难做到这一点，请闭上眼睛，深吸一口气。仅仅是这样的时刻，就可以向自己表达感激之情。

（吸气）

我很感激，我能够保持空间，通过呼吸治愈这个挑战带来的创伤或压力。

（呼气）

在四处游历中治愈创伤

萨拉·库布里克（Sara Kuburic）

作者：你是谁，你是做什么的？

库布里克：虽然不知道为什么，但我觉得这是个很难回答的问题，因为试图用一些词描述我自己的身份或定义很难。每当我反思自己到底是谁时，能够最精确描述我生活状态的一个词，或许是“游牧者”（经常更换身份或工作的人）。我热衷于倡导心理健康，我喜欢支持其他女性实现她们的目标。在职业上，我是一名存在主义治疗师、顾问和作家。

作者：情绪创伤的治愈是如何在你的生活中显现的？是否有什么特别的东西塑造了现在的你？

库布里克：一开始，创伤的治愈对我来说是一个意外之喜。因为我没有意识到自己存在多大的创伤，直到我开始尝试疗伤。在我四处旅行的过程中，创伤的治愈发生了。人们总是不大了解或看得上游牧者的生活方式，但我意识到这样的生活事实上给予了我令人难以置信的自由。当我最初开始旅行时，我身上只有800美元，不知道自己要去哪里或做什么。我唯一能够确定的是，过去的我不是真实的我，我的经历令我感到痛苦，如果我停留在同样的环境中，我将无法面对或处理我经历的所有苦痛。于是，在20岁的时候，我决定去流浪，而最令人惊讶的是，这种游牧民族一般的流浪生活的确治愈了我。回顾过去，我觉得一开始我就是为了逃避现实，但后来四处游历变成了一件非常有意思的事情，它将我滋养成今天的自己。

作者：作为一个四处游历的人，你对生活和环境的变化，以及你在不同地方的治愈能力有什么体会？

库布里克：流浪者一般的生活，一开始对我来说很难适应。我不喜欢这种状态，因为变化实在是太大了，我总是很难找到归属感。但最终的结果是，这种漂泊不定的生活迫使我专注于自身，因为这是我唯一可以确定的东西。这对我来说是一个巨大的改变，因为我不能够再依赖于过去习以为常的习惯、背景或人脉体系。一开始，我在四处游荡时，没有一个能够提供支持的人脉圈子，这就迫使我专注于我和自己的关系，而这种方式，在当时令人感觉相当不适，但同时它也以独特的方式触发了我。我来自巴尔干半岛，所以作为一个白人女性，体验不同的文化让我大开眼界。例如，当我在法国和在约旦时，获得的体验就截然不同。意识到这一点很重要，因为它让我停下来审视自己，并意识到我拥有的特权。不同的文化也带来了不同的世界观，从宗教到对心理健康和治疗的不同观点。所有这些经历，鼓励我不要那么狭隘。在我

20出头的时候，我曾经认为自己什么都知道。像大多数这个年龄的年轻人一样，你自认为知道的东西，往往比你实际知道的多。通过这样一个美丽又必要的方式，我终于意识到自己的见识有多么浅薄。此外，解构自我在帮助我实现创伤治愈的过程中，发挥了巨大的作用，我需要解构自己，以便有足够的空间来重构自己，成为我想成为的人。

作者：你用什么创作方式来实现治愈？

库布里克：现在主要是写作。但在我年轻的时候，我曾经依赖跳舞和写诗。舞蹈帮助我感受到身体的存在，保持脚踏实地的感觉和表达能力。在我成长的文化中，表达痛苦是一种不可接受的行为，周围的人都在强迫我感恩。舞蹈让我以一种我无法用言语表达的方式来感受事物和表达情绪。我从10岁起开始写诗，诗歌给了我一个处理和接受生命中发生的所有事情的方法。我总是希望文字是美丽的，即使其含义是痛苦的，我也总是在痛苦中发现美。我想部分原因是我本身是一个战争的幸存者，又同时带着移民的标签，虽然小时候被很多痛苦包围，但仍然发现我周围的美。随着我的成长，我在写作中发现了与我的声音更深的联系。

作者：你是如何实现治愈的？

库布里克：我通过感觉来治愈；我通过写作来治愈；我通过体验来治愈；我通过联结来治愈。

重新发现快乐并沉浸其中

在你的写作练习中，你可能会发现，你的一些亲人将无法理解你的创伤治愈过程。如果说疗伤教会了我什么，那就是当我们处在自我发现的过程中时，没有人可以一直与我们同行，主要是人们总是认为，因为你在治疗创伤，你必然感到伤心或痛苦，或正在经历巨大的痛苦，但情况并非总是如此，而且这种想法肯定不会永远是真的。

许多人没有意识到，通过治愈你的心灵，你可以并且一定会体会到快乐。通常人们认为，创伤和快乐是两个极端，不可同时兼得，你可能会经历一些阴霾笼罩的日子，当你身处困境之中时，你可能想要他人的关切，但也可能不想被任何人打扰。但不管怎样，都要记住，阴天、雨天，有时候暴风雨的日子，并不是生命的全部。创伤的治愈并不是一个线性的过程，它是流动的、不稳定的、混乱的、复杂的，也是解脱的、令人成长的、变革性的和直观的。治愈心灵要求我们敞开心扉，以确保我们能够欣然地接受命运为我们准备的一切际遇。

我们的确有可能在创伤治愈的过程中体验到快乐，正如我从未想过那个总是满脸愤怒的邻居，有朝一日会朝我微笑或回应我的话语，但她做到了。有的时候，我会因为感受到痛苦而哭上好几天，但这种艰难的日子总会过去，即使身处其中的你以为痛苦永远都不会结束，但每件事情都有其季节，它会突如其来，也会悄悄离去，并给你留下宝贵的人生经验。

勇敢地直面自己的伤口，与创伤的治愈同样重要。你要学会充分地体会悲伤，不要急于做出任何评判，然后再尝试解开这些创伤。意识到自己存在不知道快乐是什么的感受，与学习如何在快乐出现时看到并接受快乐同样重要。这就是我们在治愈创伤时保持好奇心和开放心态的方式，因为我们不必因为自己正在努力治愈心灵的创伤，而强迫自己一味地沉湎于痛苦之中。

通过治愈灵魂深处的创伤，我们可以获得释放负面情绪和重新开始的机会。允许自己放下沉重的负担，保持轻松的心情，是每个人与生俱来的权利。人生和我们经历的事情，并不总是只有痛苦的挣扎，我们需要强调内心的努力，无论是创伤的治愈、伤口的修补，然后通过治愈推动生活向前走。但我们很少得到足够的鼓励、谈论或肯定的一些事情，就是远离创伤的治愈，或不要过度担心“能否获得已经变得更好的感觉”。

因此，我的建议是，在尝试治愈创伤的过程中，根据自己的需要，选择多次暂停，尤其是在你感到不堪重负或止步不前时，我甚至鼓励你彻底地放下疗伤这件事，因为情绪层面的休息有时候能够给你带来新鲜的空气，并且你也有权利暂时地放下“修复者”的身份，让自己喘口气。因为创伤治愈的目标，并不是过度思考，或强迫自己短时间内愈合，或追求快乐的存在。创伤的治愈将是一个自然而然的过程。所以，在通过写作训练疗伤的时候，记得在页面上给自己留出空间，看看治愈的效果会在生活中的哪些地方出现，或者你希望它在哪里出现。然后你就可以敞开心扉，欢迎你取得的成就，而不是总质疑自己是否值得拥有快乐的人生。

当我想到心灵的治愈时，我想到的是没有束缚的生活和去爱的自由。我亲身体会到，在走过黑暗和痛苦之后，不再使自己的心变硬是多棒的一件事情。然而，这并不是一个容易达成的目标，你需要直面自己对给予和接受爱的恐惧。拥抱和体验快乐，是必须通过反复练习才可以掌握的东西，而承认或接受自己不知道如何迎接快乐，有时候并不是一件容易的事情，但请你一定为快乐的到来敞开大门，允许自己去接受快乐。

我建议你经常性地反复默念下列咒语：

我允许自己大声说话。

我允许自己不知道下一步要做什么。

我允许自己改变主意。

我允许自己在不妄加评判的情况下疗伤。

我允许自己释放自我怀疑。

我允许自己尝试新事物。

我允许自己独处并接受独处的状态。

我允许自己设定界限。

我允许自己没有把一切都计划好。

我允许自己失败并重新站起来。

我允许自己成为一个快乐的容器。

放慢节奏，实现治愈

克里斯拉·林（Chriselle Lim）

作者：你是谁，你是做什么的？

克里斯拉：首先，我是两个女孩的母亲。我有一个7岁的孩子和一个3岁的孩子，而且我是一个数字企业家。我的职业生涯以内容创作者的身份起步，很多人通过订阅我的YouTube频道认识我。有些人从抖音上认识我，因为我就是传说中的土豪妈妈。有些人是通过我在Instagram上的时尚照片认识我的，我还创办了一家名为BUMO的公司，着眼于家庭的未来，为现代的、工作的、千禧年的父母找出解决方案。

作者：创伤治愈在你的生活中是如何体现的？

克里斯拉：创伤治愈这个概念，在我人生中最艰难的一段时光浮现。当时我正在办理离婚手续，很多过往的创伤都浮现于眼前。我处理这件事的过程，很多时候要求我等待和保持静止，这对我来说是最困难的事情。创伤治愈中最艰难的一部分，往往与我们自己、我们的灵魂有关，我们需要安静地，不带任何评判或严厉批评地观察自己。在此之前，我是一个快节奏的人，生活总是忙忙碌碌，经历离婚迫使我放慢一切的脚步，更好地了解自己。每个现代人的生活都很忙碌，有时候我们只想尽快地把该做的事情快速做完，但我知道，离婚这件事不能急，欲速则不达。我必须承认自己的悲痛，为自己留出愈合和成长的空间。时至今日，我依然在疗伤，但我认为我正在以一种非常健康的方式，治愈离婚带来的创伤。

作者：经历了离婚后，你对自己有什么新的认识？

克里斯拉：我得到了很多新体悟！但最主要的是，当你结婚并有了孩子时，你会让很多事情变得不那么重要，只想确保家庭生活的舒适，我作为个体的需求被放到了最后，直到我彻底崩溃。我最近一直在和其他女性交谈，无论是离婚的、已婚的还是单身的，大家的故事都很相似，我们似乎都迫于外界的压力，将其他人的需求放在了自己的前面。这是我想要改变的事情，尤其是在为人母亲方面。我的父母是移民，在我成长的过程中，我经常听到他们为了我们的未来，而不得不牺牲一切的说法，只为了确保家庭和孩子们的幸福、安全和全家的团聚。作为女性，我们习惯了对自己的很多事情视而不见，包括我们的痛苦、愿望和需求，只因为我们是母亲。为了确保家庭的完整，我们对自己的恐惧、问题、诱发不良情绪的刺激和困扰我们的事情选择视而不见，而我想要鼓励女性不要再这样做，并消除因此而带来的羞耻感。我们不必安于现状或总是最后才考虑自身的需求。

作者：你用什么创造性的方式来治愈创伤？

克里斯拉：因为一直被工作和家庭束缚，我没有任何喘息的空间，让自己去探索工作和家庭之外我真正喜欢的东西。我现在依然在摸索，在工作和孩子们之外，是什么给我带来了这么多的快乐。后来我的确发现自己更喜欢旅行和阅读。因为离婚之后我们双方依然共同抚养孩子，所以我有更多的时间去享受阅读和旅行，这对我来说就是一种治愈。在此之前，我从来没有为自己，或为了探索和看到新事物而旅行过，我总是为了工作而四处奔波，这就意味着每一次的旅行都是公事公办、来去匆匆，我没有机会去享受和体验我去过的每个地方。所以，我现在最喜欢做的事情，除了翻阅书籍，就是登上去往某个地方的长途飞机，在旅途中看一本好书，下了飞机就去探索新鲜的事物。我的内心充满了感激，因为我有能力、财力和时间来完成一场说走就走的旅行，有更多时间来了解自己和我喜欢的东西，这对我来说就是快乐的来源。我期待着探索其他事情，无论是运动方面还是艺术领域，我都保持着开放和期待的心态。

作者：在创伤治愈的过程中偶尔休息一下，是如何帮助你恢复元气的？

克里斯拉：我相信创伤的治愈、自我完善的作用，并致力于成为一个更好的人。我喜欢更多地了解自己，成长为最好的自己。有时候，这种远大的目标会导致我无法融入当下、自由地生活，并在生活中实际应用我学到的东西。在离婚的前六个月里，我非常执着地要求自己不断地阅读一本书或听一个有用的播客，一直处于试图治愈创伤和成为更好的自己的状态。但随着时间的推移，这种情况发生了变化。情绪层面的休息，在我看来就像是阅读虚构小说，这对我来说太奇怪了，因为我讨厌虚构的小说，我认为这些小说毫无意义、毫无用处，因为我想要获得的是那些能够帮助我改善生活的、切实有用的信息。情绪层面的休息，对我来说就好像是听音乐，并且不会因为自己没有任何的“产出”而感到内疚。有时候，让自己在漫无目的的情况下开车或散步，也会令我感觉神清气爽。因为我不一定非要去什么地方或做什么事情，我可以只做我自己。情绪上的休息，意味着相信我自己可以在需要的时候充分利用自身的创伤治愈方法和情感，但相信自己也可以发挥创造力，在乐意的时候生活在虚构小说的世界里，而且不会因此感到难过——光是这个想法就能够治愈我。

作者：你是如何治愈创伤的？

克里斯拉：我通过给予自己宽容和同情，接受自身的缺陷，知道我仍然是一个需要发展和完善的人。我通过尽可能多地与我的闺蜜们一起玩耍，与那些理解我、不评判我的人在一起，来治愈自己。我通过与人交流，分享故事和脆弱的一面来实现治愈。我通过拥有一颗开放的心，知道现在一切皆有可能来实现治愈。

给快乐写信

当我们处于痛苦的深渊中时，很难想象自己能够挺过去。仔细地审视那些重新浮现的童年创伤，是我面临的一个最大挑战。我记得我对我的心理治疗师说："我曾这么努力地治愈创伤，现在我又回到了破碎的状态。"我急切地想找回我的快乐。尽管我知道很有必要，但重新审视自己无法改变的事情是很累的，心理治疗师鼓励我在日记中写一些有助于培养我内在小孩的东西。

她问："你会如何保护年幼时的自己？"

我刚刚停止哭泣，透过远程医疗屏幕，我看到自己浮肿的脸和红肿的眼睛，对自己报名参加治疗的悔意开始涌上心头。"我不知道。"我怀着沉重的心情说。

"你已经走了这么远，亚历克斯，"她用同情的声音说，"我知道这是一项艰苦的工作——我也知道你知道这个问题的答案，即使它感觉遥不可及。"

她是对的，我确实有答案。虽然剥开这些层层叠叠的创伤，看看深埋在创伤之下的根源感觉很艰难，但我必须给它一个机会。从快乐开始剖析自己，对我来说感觉更容易。长期以来，我认为快乐不属于我，或者是我无法企及的东西。在心理治疗过程中，选择以快乐为中心给了我一些希望，让我相信事情会变得更好。我在心理治疗中意识到，我不是在寻找自身的痛苦或创伤的解决方法，因为我知道这些没有用，我更想从自己正在做的事情中，发现正面解决自己的心理问题所能提供的可能性。我知道我可以找到快乐，因为它曾出现在我的生命里，哪怕只是惊鸿一瞥。在我们认为快乐已经消失之后，学会平衡治疗和对快乐的期待，这是一份只有我们自己才能给自己的礼物。

我给快乐写的第一封信是这样的：

亲爱的快乐：

我期待着再次见到你，尽管有时感觉你在躲避我，但我相信最后你总会回来。谢谢你给了我所需要的空间，来治愈和处理没有你的生活。如果我不了解痛苦，我就不会了解你。虽然我不能说我很享受没有你在身边，或没有你陪伴的情况下走过我生活中的艰难时光，但我正在学习如何在你离开时爱我自己，而不仅仅是在有你陪伴的日子里。

给快乐写下的这封信提醒我，当涉及创伤治疗时，一切并不全是坏事。大声读出这张字条花了一些时间，但我录下了自己朗读的内容，并多次回放。这成为一个提醒，让我在内心为自己创造一个安全的空间。

快乐的时刻

在这个冥想练习中，我希望你能够保持舒服的状态，专注于自己的呼吸。默读或大声朗读下面的文字，或者把它录到你的手机上，在你需要积极提醒的时候听一听录音。在阅读之前，请深吸一口气，并张嘴呼出。

通过不急于求成，我找到了快乐的时刻。

我不一定要在今天看到隧道尽头的光，但我愿意在快乐到来时接受它。

我正在通过更密切地关注自己的愿望和需求，来寻找快乐的时刻。

我不必在创伤治疗过程中压抑自己或保持沉默。

我正在通过正面处理自己的创伤治疗问题来寻找快乐的时刻。

我不必再躲避自身的痛苦。

我正在通过为自己的创伤治愈和痛苦保留空间来寻找快乐的时刻。

我不必非要选择其中一个，快乐和痛苦可以同时存在，并教会我一些东西。

许可单

在这个练习中，你要为自己签写很多许可单。这个练习的目标是摆脱僵化的思维，不要让自己总是被束缚在完成某个任务或目标的思维上，并以轻松、休息和解放取而代之。在你的页面顶部写下“我被允许”。在同一页上创建四个部分，分别题为“疗伤”“休息”“创造”和“寻找快乐”。在每个方框里填上你允许自己做的事情，不要有所保留，不管是大是小，尽可能真实地探索和写下你内心的渴望。探索那些让你感到被看见、安全和被支持的事情。专注于写出内心的需求，不要受到羞耻和内疚等负面情绪的影响。在完成了这个练习之后，你可以更进一步，录下你写到纸面上的内容，然后回听你自己的录音，真正听到你给自己提供的诸多许可。你将得到允许，可以占用空间，说出你的需要，并去做能给你带来快乐的事情。

创伤的治愈是一个积极主动的过程

雅芭 · 布雷（Yaba Blay）博士

作者：你是谁，你是做什么的？

雅芭：你提的这个问题，让我感觉自己正处于一个长期的身份危机之中，也许也称不上是危机，也许可以称之为“创伤治愈的过程”。我对自己的定义是，我是一个教育家、一个故事讲述者、一个创意人。我也曾称自己为“绝妙想法之女王”，因为我喜欢构思各种新奇的想法。我相信我同时也是一个创伤治愈者。关于这个身份，我没有那么笃定，因为我知道每个人对治疗者应该是什么样的人以及创伤治疗是什么有着个人的理解。我个人创伤治愈的一部分，就是看到镜子中的自己。我正在积极努力地定义自己，承认我做的事情和我觉得自己是谁。

我拥有非洲裔美国人研究和妇女与性别研究的博士学位。当我还是一个研究生时，唯一讨论过的一条职业道路就是大学里的终身教职。从事学术工作使我认识到它对我的影响，一个教职人员的贡献的评估，主要基于其教学、研究和服务成果。我博士毕业时，没有锁定一份工作，与我的很多同事不同，我没有获得终身教职，因为我选择了继续写论文，而不是进入就业市场。后来，我博士毕业了，但却没有找到一份终身教职的工作。我感觉自己经历了一个又一个职位的历练，不管是做行政，做教职，还是行政兼任教职，我一直在授课，但依然没有获得梦寐以求的终身职位。一开始我觉得这是人生的失败，但现在我开始看到这段经历带来的好处，它给了我一个特别的自由度。我一直在做创造性的工作，或者感觉更像是我自己的独立研究（作为兼职），同时也在从事教学工作。这些研究不是为了获得学术上的荣誉，而是为了教学工作，因为这就是我想做的工作。我与工作的联系如此紧密，以至于它反映了我的生活、我的好奇心和我的人生旅程。这是我在天普大学[1]接受黑人研究培训的最大礼物之一。天普大学是非洲中心主义社会变革的理论的发源地。

作者：在天普大学教书、学习和生活期间，你对自己和创伤治愈学到了什么？

雅芭：作为我个人研究方法的一部分，我在很大程度上是以非洲为中心的，这样让我被允许以自己为中心。我们没有走上传统的客观性道路，即你必须以某种方式将你自己与工作区分开。相反，我们必须与工作相联系，就像我们必须与我们的同类人相联系一样。因此，这对我来说一直是一份命运的馈赠，因为我所

---

[1] 位于美国东岸宾夕法尼亚州的费城。——译者注

有的工作都是从我自身开始的，我不必为自己感兴趣的事情道歉。我对肤色歧视的研究，是因为我自己就是移民新奥尔良的第一代加纳人，皮肤黝黑、头发凌乱。我一直非常清楚我的长相以及这对人们如何看待和估计我的价值意味着什么。肤色歧视一直贯穿于我的生命，而从事解决肤色歧视的工作，是我个人创伤治愈的一部分。在开始读博士之前，我拿到了一个咨询心理学的硕士学位。我是一个有执照的执业治疗师，主要对认知行为方法感兴趣，因为我们所想的和我们所做的之间的联系。

2019年，我离开了学术研究领域，但并不是永久地离开，即使到现在我依然还在不时地搞研究，但我决定暂时离开学术界，因为我并不快乐。支撑和满足我的工作，是我在“副业”上做的工作。我喜欢教书，但必须在学校里从事教学工作给我带来了很大的问题。我不知道自己要做什么，但我还是辞掉了北卡罗来纳州的职位，搬回了我女儿和外孙女所在的费城，并开始了失业生涯。然后，新冠疫情来了，感谢我的社交媒体社区诚实地用爱心奉献等方式支持我。我努力工作、做咨询、做演讲，但我没有直接存款的“稳定性”。但对我来说，这有一种自由的感觉。

作者：在你采用最多的创伤治愈方法中，有什么特别的东西塑造了你吗？

雅芭：我不认为创伤的治愈存在一个完结点，它是一个持续的、终生的过程。我也不认为治愈创伤就好像在身上盖上一张毯子，能够实现全身心的治愈。我们内心有一些部分需要以不同的方式进行愈合。所以我知道，我身上有些部分已经痊愈，有些部分已经开始愈合，有些部分可能永远不会愈合。当我自我反省并审视我的身份和自我意识时，通过教育和积极学习如何完成自身的心灵治愈工作，愈合的效果就已经显现出来。然而，我意识到我有些部分仍然需要治愈。小雅芭仍然需要对她所经历的某些事情做出解释；长大后的雅芭正试图对她今天所遇到的事情做出解释。当我看到黑人茁壮成长、生存和抵抗时，就会有治愈的感觉。我可以因为看到历史照片和故事而感动得流泪。想到我们的人民一直以来的身份，这就像一种联系的行为，证明我们的历史并不只是活在过去的时候。创伤的治愈是一个积极的过程，置身其中就是治愈。

作者：你曾经或正在使用什么创造性的方式来治愈自己？

雅芭：音乐和舞蹈给我带来了快乐，在网上玩耍也是如此，能给我带来快乐的事情就是治疗。对我来说，最有趣的是（这可能因为我是上升双子座），我喜欢同时具备了布雷博士的理性和雅芭的感性的想法，同时提供了工作的专业性和生而为人的人性。因此，无论你认为一个学者、教授或公众人物是什么，我都可以成为这样的人。但我也将永远是雅芭。我很傻，我喜欢笑，我喜欢社交媒体，尤其是Instagram和抖音。我每周从这些平台上为我的网络社区策划视频，收集材料并看到我们积极寻找快乐，即使面对白人至上主义，也是如此治愈。我不知道是否有其他人能像我们这样做。我们的人知道如何享受美好时光，这是我们的本能，不管我们是否能说出它的名字，我们知道在我们的身体里，当我们大笑和微笑时，有内啡肽和其他东西发出快乐的信号，这对我来说是一种疗愈。

放下那些对你不再有用的东西

如果你不允许自己放手，你会发现创伤治愈的过程非常痛苦。我知道要释放我们过去的创伤，放下那些羞愧、内疚和自我怀疑的感觉，可能会感到难以承受或说起来容易做起来难，因为与压在我们身上的东西分道扬镳需要勇气，需要愿意对自己和他人保持脆弱性。

在成长过程中，我们中的一些人可能没有得到机会和空间，来练习说出自身的需要或想要什么。当我们审视为了接受而释放的意义是什么时，我鼓励你尽可能地改掉过去养成的一个坏习惯，即压抑自己，不要说出自身的需要和愿望。当我们释放不再对我们有用的东西或阻碍我们真正剥开愈合层的东西时，我们为探索自己是谁、我们想要创造的生活，以及我们想要与自己和他人建立的关系的新方法留出了空间。

尽管放手很难，但放手的确为更伟大的东西腾出了空间。我们有能力拓展自己和绽放，未来可以收获无数的东西。在我们的创伤治愈过程中，我们总是有选择的能力。请你下定决心，不要坐等一些奇迹或颠覆性的事情发生，才开始尝试治愈你的心灵。选择从你生活中的当前位置开始，是一种解放和恩惠。我们永远不会因为太破碎而无法重新开始，即使我们觉得自己四分五裂，也可以释放这样的信念：破碎反而是找回完整自我的地方。

放手是每个人都必须做出的选择。

我们可以继续停留在阻碍自身发展的循环中，或者我们可以舍弃那些不再对我们有用的东西。我们不可能在紧抓着过去不放的同时，期望看到自己以预期的方式成长。每一次人生的起伏，每一次高潮和低谷，都是对你成为最一致和最真实自我的道路的提醒。让释放不再对你有用的东西成为你推动人生前进所需的动力，然后你可以开始用对你有用的东西，填充你的空间和生活。

通过挖掘自我信任和释放自我怀疑，我们可以联结到自身的力量。要知道，我们身上负担的所有那些令自己感觉害怕且不敢放下的东西，都是别人施加的，每个人都可以选择不再执着于那些不属于自己的叙述和真实自我的东西。请时刻牢记自己拥有的能力。

你在更深层次上治愈心灵的道路上走得很好，即使你认为你已经完成了心灵的治愈，不需要再放弃任何东西，也要三思而行。仔细地审视你的生活、你的人际关系、你的行为模式和你的习惯，看看什么可能使你陷入困境、感到害怕或断开与他人和社会的联系。记住，在治愈这项工作和生活中，我们永远是学生，因此对自己可能需要转变和调整的不同方式保持长期的承诺。

我想请你在接下来的写作练习中，写下你需要放下的一切，看看这一切都是什么，然后释放它们，不要再执着地抓着那些令你在情感上感到束缚的人和事或为陈规陋习找借口。一个新的开始已经出现，将你的不安全感和自我批判就留在当下，与它们告别，并平静地接受它们的离去。

释放罐

在这个练习中，你需要一个带盖子的罐子和一些小便条。给你的罐子贴上“我正在释放的东西”的标签。你可以使其充满乐趣，可以使用贴纸、记号笔、闪粉、丝带、油漆，或其他任何感觉有趣和刺激的东西。让你内心的小孩充分地发挥天性去玩耍，去制造混乱，放纵自己。在接下来的一个月里，每一天，你都要写下你要放弃的东西，然后放进这个罐子里。

把这个罐子放在你能看到的地方。无论便条上写的这些话是否重复，都不要紧。想到什么，就把它写在便条上，折起来，然后把它放到这个罐子里。到了月底，是时候为自己庆祝了。也许你可以为自己做一顿丰盛的大餐，然后读一读你收集的便条。也许你可以和朋友一起读便条，你可以跟朋友聚在一起，比较各自罐子里写的东西。以你认为合适的方式来庆祝自己坚持完成了这个练习。无论你觉得最具挑战性的是什么，或者仍然觉得做到什么很难，把它放在你能看到的地方，比如贴在冰箱或浴室镜子上。当你看到这个词时，它将提醒你释放那些不再与你的生活、目标和梦想一致的东西。

在寻找答案的过程中实现治愈

丽莎·奥利威亚（Lisa Olivera）

从很多方面来看，我所做的一切都在不断地回归真实的自我，从我作为治疗师的工作，到我的人际关系，甚至在我创伤治愈的过程中，都是如此。在过去，我习惯于将自己是谁、我做什么与我的职业联系起来。但我一直在努力摆脱这种倾向，拥抱我想要在这个世界上成为的存在。我正在努力让自己满足于自己当前的模样，即包括创伤的治愈和保持空间。写作、分享、创造和与人联系也塑造了今天的我。

我最早接触到创伤治愈并意识到自己需要治疗，是处理被生母遗弃并在被人收养之后与生母分离造成的创伤。我一度因为自己被收养的身份而感到挣扎，总是觉得这是我的错，是我不够好，所以才会被抛弃，并不断地质疑为什么我会存活在这个世界上，我是否属于这里。

这些问题困扰了我很久，而我也一直对它们保持沉默，我默默地一个人承受着巨大的压力，而且非常害怕坦然面对现实。最终这种压力大到了我不想继续活下去的程度，面对这种严重的抑郁，我终于意识到，事情不能再这样继续下去了，如果我不做出改变，我可能就没有活下去的动力或勇气了。我必须做出改变。

自杀的举动迫使我进入一个新的阶段，并发现创伤的治愈是可能的，这是一个非常缓慢的过程，在很长一段时间里，我对这个过程抱有很大的羞耻感。现在回过头看，我经历的一切都是有目的和必要的，这段苦痛的挣扎给了我需要的生活，而当时的我并不知道原来我可以拥有这样的生活。与自己建立健康的关系一度令我感觉遥不可及，但我现在认识到，创伤的治愈是一个持续的过程。

在我当前的生活中，有时候我还是会回想起那些老旧的故事，这也证明我的创伤治愈工作尚未完成，尽管我已经学到了很多经验和教训，且一路走来也获得了很多智慧。我依然要继续创伤治愈的工作，不同的季节和情况，需要不同的治愈方式。每个季节在不同的时间，看起来和感受起来都有所不同。某些生活环境会唤醒旧伤，而我必须记住要继续治疗它们，这是一个持续的旅程，我知道它永远都不会结束，而且不认为它应该结束，这也是一种安慰。

通过创伤的治愈，我明白了为自己的问题寻找答案的重要性。多年来，我没有让自己探索这些问题背后的答案，直到生命中的一个转折点，即当我决定寻找我的亲生父母时，更深层次的治愈开始了。我通过Ancestry.com（家族网站）找到了我的妹妹，这是我从未预料到的。这个发现开启了如此多美好的东西，也开启了许多的悲痛。这一经历让我看到了自己的某些部分，如果没有这些与我有血缘关系的人的反映，我不可能看到自己身上的这些东西，尤其是我的妹妹。几年前与她的联系和第一次见面，验证了我内心身处的确存在了解我的身份、知道我来自哪里的需要。它帮助我解开和探索与生俱来的愿望，与那些属于我的亲属联系起来。认识她可能是我第一次真正感觉到，我在这个世界上并不孤单。

有时候，我会刻意地告诉自己，我并不孤独，但是与亲生妹妹建立联系，让我获得了一种真实的联系感：哇，原来我在这个世界上，真的不是孤身一人。这给我带来了相当复杂的感受，我既觉得感激，又觉得悲痛，我之所以感受到深刻的悲伤，是因为我离开她的时间太久了，也因为我多年来一直在渴求一种归属感，不知道它是否存在，也不知道我是否有机会找到这种归属感。与妹妹相认之后，我的创伤治愈的很大部分变成了解开内心的负担，让自己感受到孤独的存在，同时允许自己与他人和世界建立联系，让自己在已经被刻意封闭已久的空间里感受到被人看到的感觉。与亲生妹妹的联系，让我看到了我仍然需要在自己身上努力治愈的领域，时至今日，我依然在整合和学习如何做到这一点。但是见到她，并最终见到我的生母，让我得到了一些我一生中一直在追问的问题的答案。在某种程度上，它让我有勇气面对真实的自己。

多年来，当我探索自己的创伤治愈故事时，在户外待着的时间，对我来说是治疗和创造的途径。在美丽的风景和深呼吸中，我感受到了自己的一部分，感受到了大自然的滋养。写作在我的创伤治愈过程中也发挥了至关重要的作用。多年来，我的写作已经从令我感到痛苦的东西转变为其他的东西，我开始把写作视为一种真正了解自己的方式。提出反思性的问题开始感觉不那么困难了。通过写作的创伤治疗使我能够在更深层次上探索自己。我不只是在处理所有错误的事情；我也开始发现自我意识，开始看到我是谁。

在这个联结、发现和寻找答案的旅程中，情绪上的休息是必需的。没有它，治疗会成为一个不得不完成的任务，而这最终违背了其初衷。当我们在网上被其他人的治疗旅程和不同治愈模式轰炸时，真的很容易忘记这一点。作为一名治疗师，我已经逐渐意识到，我必须刻意地留出休息的时间，退后一步，活在自己当前的生活中。这是一项艰苦的工作，需要有意地努力。尽管如此，我还是不应该不断地治疗和成长，为自己而努力，我不需要把自己变成一个不得不完成的工作项目，自我完善的不断循环并不能滋养我。

当我回顾我的生活时，我意识到我是通过放慢脚步来倾听自己的声音，通过愿意询问那里有什么，然后诚实地回答来实现治愈的。通过不断尝试满足自己的现状——每时每刻——就足以令我感到治愈。

致读者的话

亲爱的读者：

你现在已经读到了本书的结尾。谢谢你与我分享这段旅程，哪怕我们只是在书的页面上产生了交汇。我希望这本书收纳的诸多作品和故事能让你感到被看见、安全、获得支持和不那么孤独。

在创伤治愈这条漫长的道路上，我们都是每日努力前行的人，请允许我们与你在你所处的地方相遇，我希望你在日后，依然能够一遍又一遍地回顾那些最能够引起共鸣的段落。你值得治愈创伤、实现改变和成长。我知道疗伤并不是一件容易的事情，会令你感觉沉重，难以抉择，但请你放慢脚步慢慢来。可能你的创伤愈合当前没有任何进展，但也不必在今天或明天就想出解决的办法，只要你愿意在你准备好的时候全力以赴即可。

让你自己成为一个不断进步的人，有很多东西需要解开和梳理，而急于求成的心态、匆忙地完成并不会降低创伤治愈的难度或使你变得更完整。你不必再逃避真实的自己，可以拿出纸笔并开启你的治愈之旅。我知道这可能听起来令人心生恐惧，我知道暴露自己的弱点非常困难，但羞耻和内疚并不是值得我们沉迷的安全空间。你需要挥别这些情绪，时刻牢记你想要拥有的生活和治愈的状态。你要相信自己可以克服困难，创造你渴望的生活，即使你周围的人不明白或没有准备好理解你选择的治愈道路。

我们每天、每时、每刻都在愈合。朋友们，对自己温柔点，我支持你，并从远处为你加油。请你为崩溃、失败和再次尝试留出空间，你可以而且会治愈所有的创伤，即便缓慢，但一定可以治愈。

致以我的深爱！

亚历山德拉·艾莉

致　谢

感谢我的丈夫，我对你的爱无以言表，非常感谢你坚定不移的支持和鼓励，你就是我的软着陆点，谢谢你在我视野不清晰的时候成为我的镜子。

感谢我的孩子们，我看到了你们，也很崇拜你们，你们是我用心疗伤的原因。

感谢德尼西奥和拉谢尔，感谢你们接听我突如其来的电话，倾听我关于这本书的好与不好的解释。我需要你们的爱、支持，以及对我进行更深入的指导。你们给予的关注和耐心，比想象中更有意义。

感谢我的母亲和祖母，你们帮助我铺平了道路，没有你们，就没有我。认识你们两位女性是一件很美妙的事情。你们的故事让我看到了很多关于优雅、同情和人际联系的东西，你们俩都在帮助我在治愈这条道路上继续前行。

感谢我的经纪人，辛迪·乌。你是所有作者梦寐以求的编辑，我怎么会这么幸运？没有你，我无法完成这本书的写作。

谢谢你在整个过程中成为我的磐石和平静的地方，你是一个真正伟大的人。

感谢我的编辑们，瑞秋·海尔斯、莎拉·比林斯利和莉·萨福德，感谢你们的仁慈、优雅和倡导，我将永远铭记于心，谢谢你们看到并相信我的梦想。

感谢整个编年史书店的出版团队，你们对我的工作的信念，对我来说是如此重要，感谢你们所有的辛勤工作和努力。我很自豪能与这样一个体贴和善良的机构合作出版图书。

感谢纳德拉·塔瓦布、梅根·拉皮诺、泰玛·布莱恩特博士、摩根·哈勃·尼克拉斯、玛丽尔·布克医生、奈卡·茉莉娅、露薇·阿雅伊·琼斯、格伦农·多伊、雅芭·布雷博士、塔比莎·布朗、克里斯拉·林、萨拉·库布里克、丽莎·奥利威亚和芭芭拉·施密特，你们分享的故事将永远留在我心中。感谢你们的脆弱、姐妹情谊和诚实，我们的对话永远改变了我。

感谢这本书的每一位读者、选修了我课程的学生，以及网上和网下的社区，没有你们坚定不移的爱和支持，这本书不可能成功付梓。感谢你们对我的信任，感谢你们与我一起走过这段旅程。